Jan Hoinkis

Chemie für Ingenieure

Aufgaben und Lösungen

WILEY-VCH
Verlag GmbH & Co. KGaA

Autor

Prof. Dr.-Ing. Jan Hoinkis
Hochschule Karlsruhe – Technik und Wirtschaft
Fakultät für Elektro- und Informationstechnik
Moltkestr. 30
76133 Karlsruhe
Deutschland

Bibliografische Information der Deutschen Nationalbibliothek
Die Deutsche Nationalbibliothek verzeichnet diese Publikation in der Deutschen Nationalbibliografie; detaillierte bibliografische Daten sind im Internet über http://dnb.d-nb.de abrufbar.

Satz le-tex publishing services GmbH, Leipzig, Deutschland
Druck und Bindung
CPI Group (UK) Ltd, Croydon, CR0 4YY

Print ISBN 978-3-527-33751-4
ePDF ISBN 978-3-527-68459-5
ePub ISBN 978-3-527-68457-1
Mobi ISBN 978-3-527-68458-8

Gedruckt auf säurefreiem Papier.

C9783527337514_141125

Bevollmächtigter Vertreter des Herstellers gemäß EU-Produktsicherheitsverordnung ist die Wiley-VCH GmbH, Boschstr. 12, 69469 Weinheim, Deutschland, E-Mail: Product_Safety@wiley.com.

Jan Hoinkis

Chemie für Ingenieure

Beachten Sie bitte auch weitere interessante Titel zu diesem Thema

Baerns, M., Behr, A., Brehm, A., Gmehling, J., Hofmann, H., Onken, U., Renken, A., Hinrichsen, K.-O., Palkovits, R.

Technische Chemie
2. Auflage

2013
Print ISBN: 978-3-527-33072-0; auch in elektronischen Formaten verfügbar

Kühl, O.

Allgemeine Chemie
für Biochemiker, Lebenswissenschaftler, Mediziner, Pharmazeuten...

2012
Print ISBN: 978-3-527-33198-7; auch in elektronischen Formaten verfügbar

Kühl, O.

Organische Chemie
für Biochemiker, Lebenswissenschaftler, Mediziner, Pharmazeuten...

2012
Print ISBN: 978-3-527-33199-4; auch in elektronischen Formaten verfügbar

Wurm, T.

Chemie für Einsteiger und Durchsteiger

2012
Print ISBN: 978-3-527-33206-9; auch in elektronischen Formaten verfügbar

Bergler, F.

Physikalische Chemie
für Nebenfächler und Fachschüler

2013
Print ISBN: 978-3-527-33363-9; auch in elektronischen Formaten verfügbar

Kuypers, F.

Physik für Ingenieure und Naturwissenschaftler
Band 1: Mechanik und Thermodynamik, 3. Auflage

2012
Print ISBN: 978-3-527-41135-1; auch in elektronischen Formaten verfügbar

Kuypers, F.

Physik für Ingenieure und Naturwissenschaftler
Band 2: Elektrizität, Optik und Wellen, 3. Auflage

2012
Print ISBN: 978-3-527-41144-3; auch in elektronischen Formaten verfügbar

Inhaltsverzeichnis

Vorwort

Das zugehörige Lehrbuch, welches nun bereits in der 14. Auflage erscheint, bietet eine umfassende, praxisorientierte Einführung in die für den Ingenieur relevante Chemie, erarbeitet die erforderlichen theoretischen Grundlagen und ist als studienbegleitendes Lehrbuch gedacht, aber auch geeignet zum Selbststudium. Es soll ferner dem in der Praxis tätigen Ingenieur eine Hilfe sein und soll ihm durch die zahlreichen Tabellen und Zahlenangaben als erstes Nachschlagewerk dienen.

Der Text wurde so verfasst, dass er ohne naturwissenschaftliche Vorkenntnisse verständlich wird. Insbesondere wurden alle Fachausdrücke, die über den Rahmen der Alltagssprache hinausgehen, bei ihrem ersten Auftauchen erklärt. Es erwies sich als besonders nützlich, dabei von der ursprünglichen Bedeutung der betreffenden Wörter auszugehen. Diese Worterklärung kann man später anhand des Sachregisters rasch wiederfinden.

Diese 14. Auflage wurde vollständig überarbeitet und aktualisiert. Hierbei wurden insbesondere das Layout und viele Abbildungen übersichtlicher gestaltet. Die Kontroll- und Übungsfragen wurden in einem eigenen Übungsbuch zusammengefasst und deutlich erweitert.

Das vorliegende Lehrbuch ist wohl die aktuellste und umfassendste Einführung in die Chemie für Ingenieure. Da in ihm besonders die anwendungsbezogenen Themen ausführlich behandelt werden, hat es sich an vielen Universitäten, Fachhochschulen und Berufsakademien bewährt. Es ist vornehmlich für folgende Fachrichtungen geeignet: Verfahrenstechnik, Umwelttechnik, Maschinenbau, Mechatronik, Sensortechnik, Fahrzeugtechnologie, Energietechnik, Nachrichtentechnik, Informatik, Wirtschaftsingenieurwesen.

Eine Beschäftigung mit der Chemie ist und bleibt für den Ingenieur für die Bewältigung zukünftiger technischer Probleme von großer Bedeutung. So soll dieses Lehrbuch einen kleinen Beitrag dazu leisten, dass die menschlichen Existenzgrundlagen mithilfe der Technik weiter ausgebaut werden, damit auch in Zukunft ein gesundes und menschenwürdiges Leben auf der Erde gesichert bleibt.

Ich möchte mich bei meinen Kollegen und Studenten für die zahlreichen Verbesserungsvorschläge bedanken. Insbesondere danke ich Herrn Miroslaw Wawak für seine Unterstützung bei den Arbeiten für die neue Auflage und das Übungsbuch sowie für die Bearbeitung zahlreicher Abbildungen.

Karlsruhe, Juni 2015 *Jan Hoinkis*

1
Atomaufbau und Periodensystem

1.1 Womit befasst sich die Chemie?

1.2 Was versteht man unter dem Begriff „Stoff"?

1.3 Was sind homogene Stoffe?

1.4 Was sind heterogene Stoffe?

1.5 Was bezeichnet man als Phase?

1.6 Was sind Substanzen?

1.7 Was versteht man unter stofflichen Umsetzungen oder chemischen Reaktionen?

1.8 In welchen Teilen der Atome ereignen sich Veränderungen bei chemischen Reaktionen?

1.9 Von welcher Größenordnung sind a) Atomdurchmesser, b) Atomkerndurchmesser?

1.10 Welche Elementarteilchen enthält a) die Atomhülle, b) der Atomkern? Welches Vorzeichen haben die elektrischen Ladungen der Elementarteilchen?

1.11 Was sind chemische Elemente und wie werden sie gekennzeichnet?

1.12 Nennen Sie die chemischen Symbole für die Elemente Wasserstoff, Kohlenstoff, Stickstoff, Sauerstoff, Schwefel, Chlor, Natrium, Kalium, Calcium, Eisen, Silber und Quecksilber!

1.13 Was bedeutet die Massenzahl eines Atoms und wie wird sie gekennzeichnet?

Chemie für Ingenieure – Aufgaben und Lösungen, 1. Auflage. Jan Hoinkis.

1.14 Was zeigt die Kernladungszahl (Ordnungszahl) an und wie wird sie gekennzeichnet?

1.15 Was sind Isotope?

1.16 Wie viele Neutronen haben die Uranisotope?

1.17 Wie heißen die Isotope des Wasserstoffs und wie werden sie gekennzeichnet?

1.18 Worin müssen die Atome einer Nuklidart übereinstimmen?

1.19 Wie viele Elektronen kann die erste Elektronenschale (K-Schale) maximal haben?

1.20 Wie viele Elektronen kann ab der zweiten Elektronenschale (L-Schale) die jeweils äußerste Elektronenschale maximal enthalten?

1.21 In welchem Atommodell werden die Elektronen als um den Kern (wie Planeten um die Sonne) kreisende Teilchen dargestellt?

1.22 Was besagt die Heisenberg'sche Unschärferelation?

1.23 Was besagt die Schrödinger-Gleichung?

1.24 Welchen Dualismus kann man bei Elektronen feststellen?

1.25 Was bezeichnet die Hauptquantenzahl n im Atom?

1.26 Wie bezeichnet man die innerste Elektronenschale (erste Schale) im Atom? Wie die zweite, dritte und vierte Schale?

1.27 Was gibt die Nebenquantenzahl l an?

1.28 Welche Gestalt haben s-, welche p-, d- und f-Orbitale?

1.29 Geben Sie die Elektronenanordnung der Elemente Sauerstoff, Calcium, Kupfer und Brom an!

1.30 Wie heißen die vier Quantenzahlen?

1.31 Was besagt das Pauli-Prinzip?

1.32 Was besagt die Hund'sche Regel?

1.33 Was versteht man unter dem Begriff „Edelgaskonfiguration“?

1.34 Wie bezeichnet man die waagerechten Zeilen im Periodensystem der Elemente? Wie nennt man die senkrechten Spalten?

1.35 Im Periodensystem: Wo stehen die Metalle, wo die Nichtmetalle? Wie verläuft die Grenze zwischen beiden?

1.36 Was sind Hauptgruppenelemente, Nebengruppenelemente, was Lanthanoide und Actinoide? Was versteht man unter inneren und äußeren Übergangselementen?

1.37 Welche Gruppenbezeichnungen kennen Sie für die Elemente der ersten, zweiten, sechsten, siebten und achten Hauptgruppe?

1.38 Was sind Ionen, was Kationen, was Anionen?

1.39 Was versteht man unter dem Begriff „Elektronegativität“?

1.40 Wie ändern sich die Ionisierungsenergie, die Elektronegativität, die Atom- und Ionendurchmesser und der metallische Charakter mit der Lage der Elemente im Periodensystem?

2
Die chemische Bindung

2.1 Wie heißen die drei Arten der chemischen Bindung und wie die drei Arten der zwischenmolekularen Wechselwirkungen?

2.2 Was versteht man unter einem Molekül?

2.3 Was bedeutet in der Elektronenformel ein Punkt bzw. ein Strich am Elementsymbol?

2.4 Was bedeutet die in einer chemischen Gleichung vor einer chemischen Formel stehende Zahl, was die schräg unten rechts am Elementsymbol geschriebene Zahl?

2.5 Wie entsteht eine σ-Bindung? Welche Elektronenorbitale können σ-Bindungen eingehen?

2.6 Wie kommt eine π-Bindung zustande?

2.7 Was ist eine chemische Verbindung?

2.8 Aus welchen Bindungsarten sind Doppelbindungen, aus welchen Dreifachbindungen aufgebaut?

2.9 Wie entsteht eine Ionenbindung?

2.10 Was sind Salze?

2.11 Was versteht man unter Kristallhydraten?

2.12 Welches Vorzeichen und welche Ladungszahl haben Alkalimetallionen, Erdalkalimetallionen und Halogenionen in Ionenverbindungen?

Chemie für Ingenieure – Aufgaben und Lösungen, 1. Auflage. Jan Hoinkis.

2.13 Wie erklärt das Elektronengasmodell die metallische Bindung und die elektrische Leitfähigkeit der Metalle?

2.14 Geben Sie bei den folgenden Stoffen jeweils den Typ der chemischen Bindung an (unpolare/polare Atombindung, Ionenbindung, Metallbindung)! Verwenden Sie hierzu die in Tab. 1.8 aufgeführten Elektronegativitäten! KCl, Ti, HCl, N_2, H_2O, Ba, $CaCl_2$, CO, Cl_2, MgO.

2.15 Wie entsteht ein Dipolmolekül? Geben Sie jeweils Beispiele für ein zwei- und dreiatomiges Molekül an! Wie kann man den Dipolcharakter eines Moleküls in einer chemischen Formel ausdrücken?

2.16 Was versteht man unter

a) Ion-Dipol-Wechselwirkung
b) Dipol-Dipol-Wechselwirkung
c) Van-der-Waals-Kräften
d) Wasserstoffbrücken?

Nennen Sie jeweils ein Beispiel für Moleküle, bei denen die Wechselwirkung auftritt!

2.17 Geben Sie bei den folgenden Elementpaaren jeweils an, welche Art der Bindung – unpolare Atombindung, polare Atombindung oder Ionenbindung – vorliegt, und begründen Sie Ihre Entscheidung.

a) K und Br
b) H und S
c) N und N
d) P und Cl
e) C und S
f) Si und Cl

Verwenden Sie hierzu die in Tab. 1.8 aufgeführten Elektronegativitäten.

2.18 Ordnen Sie die folgenden Bindungen nach zunehmender Polarität und geben Sie die Begründung dafür an.

$$\mathrm{C{-}O}\,, \quad \mathrm{C{-}F}\,, \quad \mathrm{C{-}N}$$

Welches Atom trägt jeweils die negative Partialladung?

2.19 Welche der folgenden Bindungen sind stärker polar und warum?

a) N–H oder P–H
b) C–O oder C–S

c) N–Cl oder N–Br
d) S–Cl oder S–F

2.20 Geben Sie an, bei welchen der folgenden Verbindungen es sich um polare Moleküle handelt und begründen Sie Ihre Wahl: CS_2 (linear), CF_4 (tetraedrisch), H_2S (gewinkelt), PH_3 (pyramidal), SCO (linear). Die jeweilige Molekülstruktur ist in Klammern angegeben.

2.21 Geben Sie für die folgenden Moleküle alle intermolekularen Wechselwirkungen an und begründen Sie Ihre Antwort:

$$Cl_2\,,\quad HF\,,\quad C_6H_6\,,\quad SO_2\,,\quad H_2Se\,.$$

2.22 Erklären Sie anhand der zwischenmolekularen Wechselwirkungen folgende Beobachtungen:

a) die Verdampfungswärme von Neon ist niedriger als die von Xenon,
b) der Siedepunkt von HF liegt viel höher als der von HCl und HBr,
c) der Schmelzpunkt von Cl_2 ist niedriger als der von I_2,
d) CH_4 ist bei Raumtemperatur und 1 bar gasförmig, CCl_4 ist eine Flüssigkeit, während CBr_4 ein Feststoff ist.

2.23 Bei welchen Molekülen treten Wasserstoffbrücken-Wechselwirkungen auf und warum?

$$H_2O\,,\quad CH_4\,,\quad CO_2\,,\quad HF\,,\quad HCl\,.$$

2.24 Ordnen Sie folgende Stoffe – von links nach rechts – nach steigendem Siedepunkt und begründen Sie Ihre Entscheidung: NaF, O_2, HCl, He, HF.

2.25 Erklären Sie anhand der zwischenmolekularen Wechselwirkungen, warum die Siedepunkte der Halogenwasserstoffe in der Reihenfolge HCl, HBr, HI ansteigen, obwohl die Unterschiede in der Elektronegativität zwischen H und den Halogenen in dieser Reihenfolge geringer werden!

2.26 Warum hat Ethanol C_2H_5OH eine niedrigere Viskosität als Ethylenglykol $C_2H_4(OH)_2$?

2.27 Welche der folgenden Substanzen hat jeweils die höhere Siedetemperatur? Begründen Sie Ihre Antwort!

a) H_2S oder H_2O
b) KCl oder CH_3Cl
c) C_2H_5OH oder CH_3OCH_3
d) CH_4 oder C_4H_{10}

2.28 Erklären Sie die folgenden Eigenschaften mithilfe der jeweils auftretenden zwischenmolekularen Wechselwirkungen. Bei 20 °C und 1 bar Druck gilt folgendes:

- KCl ist ein Feststoff,
- PCl_3 ist eine Flüssigkeit,
- Cl_2 liegt gasförmig vor.

2.29 Erläutern und begründen Sie die folgenden Stoffeigenschaften:

a) Der Siedepunkt von NH_3 beträgt −33 °C, während der von NF_3 bei −129 °C liegt (jeweils bei 1 bar).
b) Der Dampfdruck von Methanol (CH_3OH) ist größer als der von Wasser.
c) Es tritt folgende Reihenfolge der Schmelzpunkte auf: $I_2 > IBr > ICl$.
d) Der Siedepunkt von SO_2 beträgt bei 1 bar −10 °C und SO_2 wird im elektrischen Feld abgelenkt. Die Sublimationstemperatur von CO_2 bei 1 bar beträgt −79 °C und es wird nicht im elektrischen Feld abgelenkt.

2.30 Ordnen Sie die Siedepunkte (bei 1 bar) −48; −42; 97; 118; 290 °C den folgenden Stoffen 1-Propanol C_3H_7OH, Propan C_3H_8, Propantriol (Glycerin) $C_3H_5(OH)_3$, Propen C_3H_6, 1-Butanol C_4H_9OH zu und begründen Sie Ihre Entscheidung.

2.31 Warum besitzt H_2O einen höheren Schmelzpunkt (0 °C) als HF (−83 °C), obwohl die HF-Bindung stärker polar als die H–O-Bindung ist ($\Delta EN = 1,9$ im Vergleich zu $\Delta EN = 1,4$)?

2.32 Was besagen die Gesetze von den konstanten und multiplen Proportionen?

2.33 Was versteht man unter der relativen Atommasse, was unter der relativen Molekülmasse?

2.34 Warum kommt es bei den Zahlenwerten der relativen Atommassen von vielen Elementen zu erheblichen Abweichungen von den ganzzahligen Werten?

2.35 Was ist ein Mol?

2.36 Berechnen Sie die molare Masse folgender Verbindungen: CH_4, SO_2, $CaCl_2$ und $CuSO_4$!

2.37 Welche Größenordnung hat die Avogadro-Konstante?

2.38 Wie viele Atome sind in einem Würfel aus Kupfer (Dichte: $d = 8,92\ g/cm^3$) mit der Kantenlänge 1 cm enthalten?

3
Die Aggregatzustände

3.1 Aus einem Drucktank, gefüllt mit Stickstoff (25 bar, 250 l, 20 °C), wird Gas entnommen. Dabei sinken Druck und Temperatur auf 20 bar und 15 °C. Berechnen Sie die Masse an entnommenem Stickstoff.

3.2 Welche Auswirkungen haben die zwischenmolekularen Wechselwirkungen auf den Aggregatzustand eines Stoffes bei Raumtemperatur?

3.3 Was sind die modellmäßigen Grundlagen des idealen Gases? Unter welchen Bedingungen sind diese Annahmen bei Gasen annähernd erfüllt?

3.4 Eine Gasflasche mit Sauerstoff hat bei 20 °C einen Druck von 200 bar. Wie groß ist der Druck bei 35 °C (*Annahme:* Sauerstoff = ideales Gas)?

3.5 Zum Betrieb eines Personenbusses mit Brennstoffzellen (siehe Abschn. 10.3.3 im Lehrbuch) sind im Dach sieben mit Wasserstoff gefüllte Hochdruckbehälter angebracht (Volumen jeweils $V = 150\,\text{l}$, Druck $p = 300\,\text{bar}$). Wie groß ist die gespeicherte Wasserstoffmenge in kg (*Annahme:* Wasserstoff = ideales Gas; $T = 25\,°\text{C}$)?

3.6 Für einen Heißluftballon findet man folgende Angaben: Volumen $V = 4250\,\text{m}^3$, Leergewicht $m_L = 288\,\text{kg}$, Temperatur der Heißluft $T_H = 105\,°\text{C}$, maximale Tragfähigkeit $m_T = 912\,\text{kg}$. Überprüfen Sie die Angabe der Tragfähigkeit durch eine theoretische Abschätzung bei Umgebungsbedingungen von 20 °C und 1 bar (*Annahme:* ideale Gase).

3.7 Was besagt das Gesetz von Avogadro?

3.8 Welche Einflussgrößen muss man bei einem realen Gas berücksichtigen?

3.9 Was versteht man unter dem Joule-Thomson-Effekt?

3.10 Was ist die kritische Temperatur, was der kritische Druck eines Gases?

Chemie für Ingenieure – Aufgaben und Lösungen, 1. Auflage. Jan Hoinkis.

3.11 Wodurch unterscheiden sich Flüssigkeiten und Schmelzen von festen Stoffen?

3.12 Was versteht man unter Anisotropie?

3.13 Welche Gittertypen hat das kubische Kristallsystem?

3.14 Was gibt die Gitterenergie eines Ionenkristalls an, und welche Stoffeigenschaften werden durch sie bestimmt?

3.15 Welche Struktur haben amorphe Feststoffe?

3.16 Was versteht man unter homogenen, was unter heterogenen Mischungen?

3.17 Wo muss man Raumentlüftungen anbringen, wenn man mit diesen die folgenden Gase oder Dämpfe durch Absaugen aus den Räumen entfernen will: H_2 (Wasserstoffgas); CH_4 (Methan, Erdgas); Cl_2 (Chlorgas); CO_2 (Kohlendioxid); C_3H_8 (Propan); C_4H_{10} (Butan)?

3.18 Was sind physikalische Gemenge?

3.19 Was sind Emulsionen, was Suspensionen?

3.20 Was sind kolloide Lösungen oder Dispersionen?

3.21 Woran kann man kolloide Lösungen erkennen?

3.22 Welche der folgenden Stoffe sollten vermutlich gut, welche schlecht in Wasser löslich sein (begründen Sie Ihre Entscheidung): CH_3OH, C_2H_6, NaF, HCl, O_2?

3.23 Welche der folgenden Stoffe sollten vermutlich besser in Wasser, welche besser in Benzin löslich sein: Br_2, CH_4, KCl, HCl, I_2, NH_3? Begründen Sie Ihre Entscheidung!

3.24 Erklären Sie folgende Beobachtungen:

a) Ethanol C_2H_5OH ist mit Wasser mischbar, während Pentanol $C_5H_{11}OH$ in Wasser nur noch sehr wenig löslich ist.
b) I_2 löst sich besser in Ethanol als in Wasser.

3.25 Was versteht man unter dem Stoffmengengehalt?

3.26 Was bedeutet die Gehaltsangabe ppm?

3.27 Welche Massenkonzentration hat eine Kupfersulfatlösung ($CuSO_4$) mit einer Stoffmengenkonzentration von 1 mol/l?

3.28 Die Atmosphäre hat einen CO_2-Gehalt von etwa 400 ppm. Wie groß ist die Massenkonzentration in (mg/m^3)?

3.29 Was gibt die Molalität an?

3.30 250 ml einer Kochsalzlösung der Konzentration 90 g/l soll auf eine Konzentration von 50 g/l verdünnt werden. Wie viel Wasser ist zuzugeben?

3.31 Konzentrierte wässrige Salzsäure hat einen Massengehalt von 38 % (Dichte: $\rho = 1{,}19\,\text{g/cm}^3$). Berechnen Sie a) die Stoffmengenkonzentration und b) die Molalität!

3.32 Was versteht man unter Diffusion, was unter Osmose? Was ist umgekehrte Osmose (Umkehrosmose)?

3.33 Wovon hängt der osmotische Druck ab, wovon ist er im idealen Fall unabhängig?

3.34 Eine Menge von 0,25 g Insulin werden zur Bestimmung der Molmasse in 0,5 l Wasser gelöst und der osmotische Druck in einer Pfeffer'schen Zelle bestimmt. Bei 20 °C wird ein osmotischer Druck von 210 Pa gemessen. Berechnen Sie die Molmasse des Insulinmoleküls!

3.35 Berechnen Sie jeweils den osmotischen Druck folgender wässriger Lösungen (bei 25 °C):

a) 5 g/l Glucose ($C_6H_{12}O_6$),
b) 5 g/l $CaCl_2$.

3.36 Zwei Salzlösungen sind durch eine semipermeable Membran in einem U-Rohr getrennt. Eine Lösung enthält 65 g/l NaCl, die andere 90 g/l Na_2SO_4.

a) Was passiert im drucklosen Zustand?
b) Welchen Druck müsste man auf welcher Seite des U-Rohrs ausüben, damit beide Flüssigkeitsspiegel auf gleiche Höhe kommen?

Dichteunterschiede zwischen beiden Salzlösungen sind zu vernachlässigen.

3.37 Wie kann man hydratisierte Ionen als Aquakomplexe kennzeichnen?

3.38 Wodurch ist zu erklären, dass bestimmte Salze beim Lösen in Wasser zur Erwärmung führen, andere zur Temperaturerniedrigung? Warum lösen sich manche Salze nicht in Wasser?

3.39 Was versteht man unter Entropie?

3.40 Wann können Naturvorgänge, speziell auch chemische Reaktionen, freiwillig ablaufen?

3.41 Was versteht man unter der *freien Enthalpie* und durch welche Gleichung hängt diese von der Enthalpie und Entropie ab?

3.42 Was sind exergonische, was endergonische Vorgänge?

3.43 Warum kann ein Bergsteiger auf der Spitze des Mount Everest typischerweise kein frisch bereitetes hart gekochtes Frühstücksei genießen?

3.44 Was versteht man unter einem dynamischen Gleichgewicht? Wie groß ist bei diesem die Änderung der freien Enthalpie ΔG?

3.45 Was versteht man unter der Schmelzenthalpie, was gibt die Verdampfungsenthalpie an?

3.46 Wie bezeichnet man den Übergang eines festen Stoffes unmittelbar in die Gasphase? Was versteht man unter der Gefriertrocknung?

3.47 Wie lautet die Gibbs'sche Phasenregel?

3.48 Wie viel Freiheiten hat man, Zustandsvariablen zu verändern:

a) in einem Einstoffsystem beim Vorliegen von zwei Phasen bzw. von einer Phase,
b) in einem Zweistoffsystem beim Vorliegen von drei Phasen?

3.49 Erklären Sie das Prinzip eines Dampfkochtopfs!

3.50 Was versteht man unter „Gefriertrocknung“?

3.51 Schmilzt das Eis, gefriert das Wasser oder ändert sich nichts, wenn man ein Zweiphasensystem aus Eis und Wasser bei 0 °C unter hohen Druck setzt?

3.52 Welche Salz-Eis-Kältemischungen kennen Sie? Welche Temperaturen kann man damit größenordnungsmäßig erzeugen?

3.53 Welcher Vorgang führt bei der technischen Kälteerzeugung zur Entstehung der gewünschten tiefen Temperaturen?

3.54 Welches Kältemittel wird in Großkältemaschinen verwendet? Aus welchem Grund? Welche Kältemittel verwendet man in mittleren und kleinen Kältemaschinen?

3.55 Welche vier Umwandlungsstufen durchläuft das Kältemittel in einer Kompressionskältemaschine?

3.56 Wozu verwendet man Wärmepumpen?

3.57 Welchen Zweck verfolgt man beim Destillieren, und welche Vorgänge spielen sich dabei ab?

3.58 Was ist eine fraktionierte Destillation?

3.59 Wozu dienen Rektifizierkolonnen?

3.60 Welche Arten von Böden werden in Kolonnen verwendet?

3.61 Wodurch kann man die Trennwirkung von Füllkörperkolonnen kennzeichnen?

4 Chemische Reaktionen

4.1 Was versteht man unter stöchiometrischen Berechnungen?

4.2 Was sind exotherme, was endotherme Reaktionen?

4.3 Welche Bedeutung hat die Aktivierungsenergie beim Zustandekommen chemischer Reaktionen?

4.4 Was versteht man bei Reaktionen unter „Enthalpie“, was unter der „inneren Energie“?

4.5 Was ist ein Katalysator, was ein Inhibitor?

4.6 Was bezeichnet man als Katalysatorgifte? Nennen Sie ein Beispiel!

4.7 Was bedeutet es, wenn ein Stoff in einem metastabilen Zustand vorliegt?

4.8 Erklären Sie den Unterschied zwischen homogener und heterogener Katalyse!

4.9 Bei einem PKW soll die gesamte Tankfüllung an Benzin (60 l) *vollständig* verbrannt werden (*Annahme:* Benzin – ein Gemisch aus sehr vielen Kohlenwasserstoffen – bestehe nur aus Oktan C_8H_{18}, Dichte von Oktan $d = 0{,}7\,\text{g/cm}^3$):

$$2C_8H_{18} + 25O_2 \rightarrow 16CO_2 + 18H_2O$$

a) Wie viel m^3 Luft werden hierzu gebraucht?
b) Wie viel m^3 CO_2 entstehen unter Normbedingungen?

4.10 Was ist die allgemeine Definition von Oxidation und Reduktion hinsichtlich der dabei stattfindenden Elektronenübergänge?

4.11 Was ist ein Reduktionsmittel, was ein Oxidationsmittel?

Chemie für Ingenieure – Aufgaben und Lösungen, 1. Auflage. Jan Hoinkis.

4.12 Erklären Sie den Unterschied zwischen Oxidationszahl und Ladungszahl!

4.13 Welche Reduktionsmittel werden in der chemischen Technik häufig zur Gewinnung von Metallen aus Erzen eingesetzt?

4.14 Was bedeutet Thermit-Schweißen, und wo wird es eingesetzt?

4.15 Geben Sie die Oxidationszahlen der Atome in den folgenden Verbindungen an:

$$O_2\,,\quad H_2SO_4\,,\quad BaCrO_4\,,\quad CaCl_2\,,\quad HClO_4\,,$$
$$H_2S\,,\quad Al_2O_3\,,\quad H_3PO_4\,,\quad Na_2CO_3\,.$$

4.16 Welche Stoffe sind in den folgenden Gleichungen das Reduktions-, welche das Oxidationsmittel? Welche Spezies wird reduziert, welche oxidiert?

a) $Fe_2O_3 + 2Al \rightarrow Al_2O_3 + 2Fe$
b) $CH_4 + 2O_2 \rightarrow CO_2 + 2H_2O$
c) $Ca + Cl_2 \rightarrow CaCl_2$

4.17 Metallisches Chrom kann aluminothermisch aus Chromoxiderz hergestellt werden:

$$Cr_2O_3 + 2Al \rightarrow 2Cr + Al_2O_3$$

Wie viel Tonnen Aluminium werden zur Gewinnung von 5 t metallischem Chrom gebraucht?

4.18 Geben Sie jeweils die höchste und die niedrigste Oxidationsstufe der folgenden Elemente an und begründen Sie Ihre Antwort: S, Cl, Na, P, Ar, F.

4.19 Bei welcher der folgenden Reaktionen handelt es sich um Redoxreaktionen? Geben Sie jeweils die Oxidationszahlen sowie das Oxidations- bzw. Reduktionsmittel an!

a) $H_3PO_4 + 3NaOH \rightarrow Na_3PO_4 + 3H_2O$
b) $Br_2 + 2NaI \rightarrow 2NaBr + I_2$
c) $SiO_2 + 2C \rightarrow Si + 2CO$
d) $Ca + 2HCl \rightarrow CaCl_2 + H_2$

4.20 Wie ändern sich die Oxidationszahlen der Atome bei folgenden Reaktionen? Geben Sie jeweils auch das Oxidations- und Reduktionsmittel an und gleichen Sie stöchiometrisch aus!

a) $H_2S + SO_2 \rightarrow S + H_2O$
b) $B_2O_3 + Mg \rightarrow B + MgO$

c) $Zn + HCl \rightarrow ZnCl_2 + H_2$
d) $F_2 + H_2O \rightarrow HF + O_2$

4.21 Zur Herstellung von Wolframmetall wird in der Technik Wolframoxid mit Wasserstoff umgesetzt:

$$WO_3 + H_2 \rightarrow W + H_2O$$

a) Gleichen Sie die stöchiometrischen Faktoren so aus, dass die Massenbilanz der Reaktion stimmt!
b) Wie viel Wolframoxid ist zur Herstellung von 3 t Wolframmetall notwendig?
c) Wie viel m^3 (Normbedingungen) Wasserstoffgas sind hierzu notwendig?

4.22 Zinkmetall wird technisch aus Zinksulfiderz durch folgende Umsetzungen gewonnen:

$$2ZnS + 3O_2 \rightarrow 2ZnO + 2SO_2$$
$$ZnO + C \rightarrow Zn + CO$$

a) Wie viel kg Zinkmetall können aus 2000 kg Zinksulfiderz hergestellt werden?
b) Wie viel Norm-m^3 Schwefeldioxid sowie CO entstehen als Nebenprodukt?

4.23 Metallisches Mangan kann technisch durch Umsetzung von Manganoxiderz mit Aluminium gewonnen werden:

$$3Mn_3O_4 + 8Al \rightarrow 9Mn + 4Al_2O_3$$

a) Wie viel Tonnen metallisches Mangan können aus 5 t Manganoxiderz hergestellt werden?
b) Wie viel Tonnen Aluminium werden hierzu benötigt?

4.24 Ein Radfahrer soll sich mit einer Leistung von 120 W fortbewegen.

a) Wie groß wäre theoretisch der stündliche Glucoseverbrauch in Gramm, wenn für die Umsetzung folgende Reaktion gilt:

$$C_6H_{12}O_6 + 6O_2 \rightarrow 6CO_2 + 6H_2O \quad \Delta H^\circ = -2808\,\text{kJ/mol}$$

b) Wie viel Normliter Luft werden stündlich verbraucht und wie viel Kohlendioxid pro Stunde ausgeatmet (Sauerstoffanteil in Luft: beim Einatmen 21 Vol% O_2, beim Ausatmen 16 Vol% O_2)?

4.25 Ein zuckerhaltiger Most wird mit Hefe versetzt und unter Luftabschluss zur Gärung gebracht:

$$C_6H_{12}O_6 \rightarrow 2C_2H_5OH + 2CO_2$$

Ein Liter Gäransatz enthält 16 g Zucker, und nach zwei Tagen stellt man eine Zuckergehalt von 12,9 g fest. Berechnen Sie den Massengehalt an Ethanol.

4.26 Zur Herstellung von Rohsilicium wird Siliciumdioxid bei etwa 2000 °C mit Kohlenstoff umgesetzt (siehe Abschn. 6.4.2):

$$SiO_2 + 2C \rightarrow Si + 2CO \quad \Delta H° = +695\,\text{kJ}$$

a) Um welchen Reaktionstyp handelt es sich bezüglich der energetischen Betrachtung?
b) Wie viel Siliciumdioxid und wie viel Kohlenstoff sind zur Herstellung von einer Tonne Rohsilicium notwendig?
c) Wie viel Energie (in kWh) muss zur Herstellung von einer Tonne Silicium mindestens aufgebracht werden?

4.27 Phosphorsäure – als Ausgangsstoff zur Herstellung von Dünger – wird technisch durch folgende Reaktion hergestellt:

$$Ca_3(PO_4)_2 + 3H_2SO_4 \rightarrow 3CaSO_4 + 2H_3PO_4$$

a) Wie viel kg Phosphorsäure können aus 500 kg Calciumphosphat hergestellt werden?
b) Wie viel kg Calciumsulfat entstehen als Nebenprodukt?

4.28 Magnesium wird aus Magnesiumcarbonat gewonnen. Der Herstellungsprozess besteht aus den folgenden Stufen:

1. Herstellung von Magnesiumoxid durch erhitzen,
2. Umsetzung von Magnesiumoxid mit Kohle zu Chlor und Magnesiumchlorid,
3. Schmelzelektrolyse von Magnesiumchlorid.

a) Formulieren Sie die Reaktionsgleichungen für die drei Stufen!
b) Zeigen Sie, dass es sich bei Stufe 2. um eine Redoxreaktion handelt!
c) Wie viel Magnesiummetall kann aus 2 t Magnesiumcarbonat hergestellt werden und wie viel Tonnen Kohle werden benötigt?

4.29 Warum kann man Metallbrände nicht mit CO_2 löschen? Begründen Sie dies für brennendes Magnesium.

4.30 Was versteht man nach der Theorie von Brönsted unter einer Säure und was unter einer Base?

4.31 Aus einem chemischen Betrieb fällt pro Stunde 1 m^3 eines NaOH-haltigen Abwassers mit einem pH-Wert = 11 an. Dieses Abwasser muss vor dem Einleiten in die Abwasserreinigungsanlage neutralisiert werden. Wie viel kg wässrige Salzsäure (HCl, Massengehalt 10 %) werden pro Stunde zur Neutralisation benötigt?

4.32 Viele Medikamente gegen das sogenannte Sodbrennen enthalten zur Neutralisation der überschüssigen Magensäure (Salzsäure) eine Mischung der Basen Magnesiumhydroxid $Mg(OH)_2$ und Aluminiumhydroxid $Al(OH)_3$. Formulieren Sie die Gleichungen für die Neutralisationsreaktionen!

4.33 Was versteht man unter einem Ampholyt?

4.34 Bei welchen der folgenden Reaktionen handelt es sich um eine Redoxreaktion, bei welchen um Säure-Base-Reaktionen, bei welchen um eine Neutralisation? Begründen Sie Ihre Antwort!

a) $H_2SO_4 + 2NaOH \rightarrow Na_2SO_4 + 2H_2O$
b) $Cl_2 + 2NaBr \rightarrow 2NaCl + Br_2$
c) $Fe_2O_3 + 3CO \rightarrow 3CO_2 + 2Fe$
d) $NH_3 + H_2O \rightarrow NH_4^+ + OH^-$
e) $Na_2O + H_2O \rightarrow 2NaOH$
f) $HBr + KOH \rightarrow KBr + H_2O$

5
Chemische Gleichgewichte

5.1 Was versteht man unter dem „Massenwirkungsgesetz"?

5.2 Stellen Sie für folgende Reaktionen die Gleichung des Massenwirkungsgesetzes auf!

a) $H_3PO_4 \rightleftarrows 3H^+ + PO_4^{3-}$
b) $Fe^{3+} + 3OH^- \rightleftarrows Fe(OH)_3$
c) $3Ca^{2+} + 2PO_4^{3-} \rightleftarrows Ca_3(PO_4)_2$

5.3 Was besagt das Prinzip von Le Chatelier (Prinzip vom kleinsten Zwang)?

5.4 Wie lautet das Ionenprodukt des Wassers bei 25 °C (mit Zahlenwert!)?

5.5 Formulieren Sie die Säure-Base-Reaktionen der dreiprotonigen Phosphorsäure (H_3PO_4) mit Wasser!

5.6 Wie kann man hinsichtlich des Dissoziationsgrades α schwache und starke Säuren unterscheiden?

5.7 Berechnen Sie jeweils den pH-Wert und die OH^--Konzentration!

a) 0,01-molare Salzsäure HCl (*Annahme:* vollständige Dissoziation in H^+- und Cl^--Ionen),
b) 0,1-molare einprotonige Ameisensäure HCOOH (Dissoziationsgrad $\alpha = 4\,\%$),
c) HBr-Lösung mit einer Konzentration von 5 g/l (*Annahme:* vollständige Dissoziation in H^+- und Br^--Ionen),
d) 0,1-molare Schwefelsäure H_2SO_4 (*Annahme:* vollständige Dissoziation für ersten Dissoziationsschritt, $\alpha = 30\,\%$ für zweiten Dissoziationsschritt).

Chemie für Ingenieure – Aufgaben und Lösungen, 1. Auflage. Jan Hoinkis.

5.8 4 g HCl werden in 600 ml Wasser gelöst. Anschließend werden 200 ml Natronlauge der Konzentration 1 mol/l zugegeben. Berechnen Sie den pH-Wert a) vor und b) nach der Zugabe der Natronlauge (*Annahme:* für HCl vollständige Dissoziation in H^+- und Cl^--Ionen).

5.9 Man gibt 3 g Kaliumoxid in 200 ml Wasser. Zu dieser Lösung gibt man 30 ml Salzsäure. Nach Zugabe der Säure wird der pH zu 0,8 bestimmt. Berechnen Sie die molare Konzentration der zugegebenen Salzsäure.

5.10 Was ist die Wasserstoffionenaktivität? Wann und warum stimmt sie nicht mit der Wasserstoffionenkonzentration überein?

5.11 Warum zeigen Regenwasser und destilliertes Wasser meist eine schwach saure Reaktion?

5.12 Wozu dienen Pufferlösungen und welche Bestandteile enthalten sie?

5.13 Was sind Farbindikatoren und was zeigen sie an?

5.14 Was versteht man unter Maßanalyse, Titration, Neutralisationstitration, Oxidimetrie? Was sind Normallösungen?

5.15 Bei der Titration von 100 ml einer KOH-Lösung werden 30 ml einer 0,1-molaren HCl-Lösung verbraucht. Berechnen Sie die Massenkonzentration der KOH-Lösung.

5.16 Zur Bestimmung der Konzentration einer Haushaltsessigsäurelösung (CH_3COOH) werden 50 ml der Essigsäurelösung mit einer 0,5-molaren NaOH-Lösung titriert. Der Äquivalenzpunkt ist nach Zugabe von 76,2 ml der Base erreicht. Berechnen Sie den prozentualen Massengehalt der Essigsäurelösung.

5.17 Wie ist es zu erklären, dass Natriumcarbonat alkalisch und Aluminiumsulfat sauer reagieren?

5.18 Wie sind die „Löslichkeitsprodukte" für die schwer löslichen Verbindungen $Sb(OH)_3$, $Ca_3(PO_4)_2$ und Hg_2Cl_2 zu schreiben?
Das schwer lösliche Quecksilbersalz Kalomel dissoziiert in geringem Maße gemäß folgender Gleichung:

$$Hg_2Cl_2 \rightleftarrows Hg_2^{2+} + 2Cl^-$$

5.19 Berechnen Sie die Löslichkeit in Wasser bei 25 °C:

a) $CaSO_4$ (Gips) ($L = 6{,}1 \cdot 10^{-5}\,mol^2/l^2$),
b) $Fe(OH)_3$ ($L = 3{,}8 \cdot 10^{-38}\,mol^4/l^4$),
c) Wie ändert sich für a) die Löslichkeit, wenn $CaSO_4$ statt in reinem Wasser in einer 0,2-molaren Na_2SO_4-Lösung vorliegt?

5.20 Was versteht man unter der temporären, was unter der permanenten Härte? Wodurch entstehen diese Wasserhärten?

5.21 Was gibt die Maßeinheit 1 „deutscher Härtegrad" an?

5.22 Warum erhöht sich beim Erhitzen trotz abnehmendem Kohlensäuregehaltes die Carbonationenkonzentration, also die Anionenkonzentration der Kohlensäure?

5.23 Welche Auswirkungen hat eine Erhöhung des pH-Werts auf das Löslichkeitsprodukt des Calciumcarbonats?

5.24 Wie kann man Kesselsteinbildung verhindern?

5.25 Was sind Ionenaustauscher? Wie kann man „erschöpfte" Kationenaustauscher, wie Anionenaustauscher regenerieren?

5.26 Was sind „Sparbeizen" und wozu dienen sie?

5.27 Was ist beim Verdünnen von konzentrierter Schwefelsäure zu beachten?

5.28 Wie lauten die systematischen Namen und die Trivialnamen für folgende Komplexsalze: $K_4[Fe(CN)_6]$, $K_3[Fe(CN)_6]$?

5.29 Methanol wird großtechnisch in der Gasphase durch folgenden Prozess hergestellt:

$$2H_2 + CO \rightleftarrows CH_3OH \quad \Delta H^\circ = -92\,kJ$$

a) Wie lautet das Massenwirkungsgesetz für diese Reaktion (formuliert mit den Partialdrücken)?
b) Wie verschiebt sich das Gleichgewicht mit steigender Temperatur bzw. steigendem Druck? Wie muss also die Reaktion geführt werden, damit die Ausbeute an Methanol maximal wird?

5.30 Betrachten Sie folgende Gleichgewichtsreaktion in der Gasphase:

$$2H_2S + 3O_2 \leftrightarrow 2SO_2 + 2H_2O \quad \Delta H^\circ = -1126\,\text{kJ}$$

a) Wie lautet jeweils das Massenwirkungsgesetz für diese Reaktion (Partialdrücke)?
b) Wie würden Sie die Reaktion hinsichtlich Druck, Temperatur, Konzentration der Edukte und Produkte qualitativ führen, damit die Produktausbeute maximal wird? Begründen Sie Ihre Antwort!

5.31 Formulieren Sie eine Reaktionsgleichung für die Verbrennung (exothermer Vorgang) von Kohlenmonoxid mit Sauerstoff!
Wie verändert sich der mengenmäßige Anteil von Kohlenmonoxid bei einer entsprechenden Gleichgewichtsreaktion, wie sie die Reaktionsgleichung wiedergibt, wenn man

a) die Sauerstoffkonzentration erhöht,
b) die Temperatur erniedrigt,
c) den Druck erhöht?

5.32 Wie lautet die „Wassergas"-Gleichgewichtsreaktion?

5.33 Wie wird Ammoniak großtechnisch synthetisiert (Reaktion, Verfahren)?

5.34 Wie wird Wasserstoff großtechnisch aus fossilen Brennstoffen hergestellt?

5.35 Wo befindet sich in der nichtleuchtenden Bunsenbrennerflamme die heißeste reduzierende, wo die heißeste oxidierende Stelle?

5.36 Warum lässt sich die Temperatur, die man mit einem Schweißbrenner erzeugen kann, nicht wesentlich über 3100 °C steigern?

5.37 Beschreiben Sie die Modellvorstellung zur Beschreibung der Adsorption nach Langmuir. Wie lässt sich das Verhalten bei kleinen Stoffkonzentrationen, wie bei sehr großen Stoffkonzentrationen beschreiben?

5.38 Was versteht man unter dem Boudouard-Gleichgewicht?

5.39 Diskutieren Sie das Boudouard-Gleichgewicht anhand des Otto- und Dieselmotors unter der Tatsache, dass beim Ottomotor kein Ruß und relativ viel CO gebildet wird, während beim Dieselmotor viel Ruß, aber praktisch kein CO entsteht. Berücksichtigen Sie hierbei die folgenden Randbedingungen:

Ottomotor	**Dieselmotor**
Höchstdruck: 35–60 bar	Höchstdruck: 60–120 bar
Verbrennungstemp.: 2200–2500 °C	Verbrennungstemp.: 1800–2500 °C

5.40 Was besagt der Heß'sche Satz?

5.41

a) Stellen Sie zeichnerisch (qualitativ) den Verlauf der Adsorptionsisothermen für wässrige Lösungen folgender Alkohole dar (Begründung): C_2H_5OH, C_4H_9OH, $C_8H_{17}OH$!
b) Zeichnen Sie zusätzlich für einen der Stoffe die entsprechende Isotherme für eine höhere Temperatur.

5.42 Was versteht man unter Chromatografie? Wozu dient dieses Verfahren und welche prinzipiellen Verfahren kennen Sie?

6 Die Elemente

6.1 Worin unterscheiden sich Metalle, Nichtmetalle und Halbmetalle?

6.2 Welche Maßnahmen sind notwendig, angesichts zu Ende gehender Rohstoffvorräte?

6.3 Welche drei Ordnungen von Ressourcen kennen Sie?

6.4 Welche prinzipiellen Möglichkeiten zur Elementumwandlung gibt es?

6.5

a) Nach welcher Methode können Altersbestimmungen organischen Materials durchgeführt werden?
b) Was versteht man unter der Tritiumuhr?

6.6 Berechnen Sie die Energie, welche bei der Spaltung von 1 kg Uran 235 freigesetzt wird. Bei der Spaltung soll folgende Reaktion ablaufen:

$$^{235}_{92}\mathrm{U} + ^{1}_{0}\mathrm{n} \rightarrow ^{141}_{56}\mathrm{Ba} + ^{92}_{36}\mathrm{Kr} + 3^{1}_{0}\mathrm{n}$$

Die Massen der Atomkerne betragen: $m(\mathrm{U}\,235) = 3{,}9030 \cdot 10^{-25}$ kg, $m(\mathrm{Ba}\,141) = 2{,}3399 \cdot 10^{-25}$ kg, $m(\mathrm{Kr}\,92) = 1{,}5264 \cdot 10^{-25}$ kg, Masse eines Neutrons: $m = 1{,}674\,92 \cdot 10^{-27}$ kg.

6.7 Was versteht man unter Kernfusion?

6.8 Wie wird Wasserstoff technisch bzw. im Labor hergestellt?

6.9 Warum lässt sich bei Halogenlampen im Vergleich zu den herkömmlichen Glühbirnen die Lichtausbeute steigern?

6.10 Was besagt die Doppelbindungsregel?

Chemie für Ingenieure – Aufgaben und Lösungen, 1. Auflage. Jan Hoinkis.

6.11 Warum wird Schwefel nach dem Aufschmelzen zähflüssig und lässt sich nach dem Eingießen in kaltes Wasser in einen plastischen Zustand überführen?

6.12 Wie lassen sich Diamanten industriell herstellen?

6.13 Erklären Sie die Unterschiede von ferromagnetischen, paramagnetischen und diamagnetischen Stoffen!

6.14 Was versteht man in der Molekülorbitaltheorie unter bindenden und antibindenden Elektronen (erklären Sie dies anhand der Energieniveaus)?

6.15 Warum ist eine Verbindung He_2^+ nach der Molekülorbitaltheorie möglich?

6.16 Welche Eigenschaft des Sauerstoffs nutzt man zu dessen messtechnischer Erfassung in der Gasphase aus?

6.17 Welche Vorsichtsmaßnahmen sind bei Verwendung von reinem Sauerstoff zu beachten?

6.18 Wie lassen sich die Bindungsverhältnisse im Ozonmolekül beschreiben?

6.19 Welches ist das am häufigsten vorkommende und preisgünstigste Edelgas und wofür wird es in der Technik hauptsächlich verwendet?

6.20 Was versteht man unter Polymorphie?

6.21 Warum ist die Diamantmodifikation des Kohlenstoffs ein sehr harter Stoff und ein elektrischer Isolator, die Grafitmodifikation jedoch ein sehr weicher, elektrisch leitender Stoff?

6.22 Was sind Fullerene?

6.23 Was versteht man unter Kohlenstoff-Nanoröhrchen und wie erklärt sich deren hohe mechanische Stabilität?

6.24 Wofür wird Aktivkohle verwendet?

6.25 Was versteht man unter Kohlenstoffglas?

6.26 Nach welchem Verfahren wird technisches Silicium gewonnen?

6.27 Wann muss man anstelle von scharf begrenzten Elektronenenergieniveaus mehr oder weniger breite Energiebänder annehmen?

6.28 Was bedeutet der Ausdruck „verbotene Zone" in einem Energiebänderdiagramm?

6.29 Wie unterscheiden sich Isolatoren, Halbleiter und Metalle in den Energiebänderdiagrammen voneinander?

6.30 Erklären Sie anhand von Energiebänderdiagrammen den Unterschied zwischen Eigenhalbleitern und Störstellenhalbleitern!

6.31

a) Durch welche Elektronenübergänge (im Energiebändermodell) werden n-dotierte bzw. p-dotierte Siliciumhalbleiter elektrisch leitend?
b) In welchem Energieband erfolgt dann die Leitung der Elektronen?

6.32 Wie kann man beim Halbleiter Galliumarsenid (GaAs) erreichen, dass er als p- oder n-Leiter wirkt, ohne dass man ihn mit Fremdatomen dotiert?

6.33 Beschreiben Sie die Verfahren „Zonenschmelzen" und „Tiegelziehen"!

6.34 Warum können Metalloxide Halbleitereigenschaften aufweisen?

6.35 Wie ändert sich die elektrische Leitfähigkeit von Halbleitern und von Metallen mit zunehmender Temperatur? Warum?

6.36 Erklären Sie das Prinzip beim Einsatz von Halbleitern als Gassensoren!

6.37 Durch welche zwei Verfahren werden prinzipiell Metalle aus Metallerzen gewonnen?

6.38 Nennen Sie wichtige allgemeine metallische Eigenschaften!

6.39 Warum steigt die Reaktivität der Alkalimetalle mit Zunahme der Ordnungszahl?

6.40 Warum kommt trotz isolierender Oxidschicht auf der Oberfläche der meisten Metalle eine elektrisch leitende Verbindung zustande?

6.41 Was versteht man unter Supraleitfähigkeit? Was ist die Sprungtemperatur?

6.42 Warum haben Metalle eine sehr gute Wärmeleitfähigkeit?

6.43 Warum lassen sich Metalle plastisch verformen, während Salze bei einer ähnlichen Belastung auseinanderbrechen?

6.44 Nach welchen Kriterien können Metalle eingeteilt werden?

6.45 Welche Legierungstypen gibt es und wie ist bei ihnen der atomare Aufbau?

6.46 Zeichnen Sie Zustandsdiagramme für a) eutektische Legierungen, b) Mischkristalllegierungen und erläutern Sie die Diagramme!

6.47 Was ist Messing, was Bronze?

6.48 Erklären Sie warum im Amazonas-Gebiet illegale Goldwäscher Quecksilber zur Goldgewinnung verwenden. Weshalb ist diese Methode äußerst problematisch?

6.49 Was versteht man unter der sogenannten Zinnpest?

6.50 Was versteht man unter der sogenannten Lanthanoidenkontraktion?

6.51 Was versteht man unter Graphen und welche ausgezeichneten Eigenschaften hat es?

6.52 Warum kann ein dünnes Palladiumblech zur Abtrennung von Wasserstoff aus anderen Gasen genutzt werden?

6.53 Aus welchem Grund sind die Edelmetalle wenig reaktionsfähig?

6.54 Welche Veränderung erfährt Eisen beim Curie-Punkt?

6.55 Was versteht man unter Ferrit, Perlit, Zementit, Ledeburit?

6.56 Welche Legierungsbestandteile sind für die Korrosionsbeständigkeit von rostfreien Stählen wichtig?

6.57 Welcher Vorgang liegt dem Härten von Stahl zugrunde?

6.58 Was versteht man unter Grauguss?

6.59 Was versteht man unter Raney-Nickel und wo wird es in der Technik eingesetzt?

6.60 Welches sind die beiden wichtigsten in Mineralien vorkommenden schweren Elemente mit natürlicher Radioaktivität?

6.61 Wozu dienen Moderatoren in Kernreaktoren?

6.62 Was versteht man unter der kritischen Masse bei Kernspaltungsprozessen?

7
Anorganische Verbindungen

7.1 Was sind Metallhydride? Welche Arten können nach den Bindungsverhältnissen unterschieden werden? Nennen Sie technische Anwendungen für Metallhydride!

7.2 Welche Struktur haben die Moleküle der Verbindungen H_2O, NH_3 und CH_4?

7.3 Was versteht man unter den sogenannten Anomalien des Wassers? Geben Sie die Ursachen dafür an.

7.4 Bei welcher Temperatur hat Wasser die größte Dichte?

7.5 Was sind Oxoniumionen (Hydroniumionen), was Hydroxidionen?

7.6 Warum wird Wasserstoffperoxid heute in der chemischen Technik häufig als „umweltfreundliches" Oxidationsmittel eingesetzt?

7.7 Wie wird Wasserstoffperoxid großtechnisch hergestellt?

7.8 Beschreiben Sie anhand einer Reaktionsgleichung die Vorgänge, die beim Einleiten von Chlorwasserstoffgas in Wasser stattfinden!

7.9 Was ist Salzsäure?

7.10 Was ist bemerkenswert beim Lösen von Ammoniak in Wasser?

7.11 Womit kann man Sauerstoff aus Kesselspeisewasser entfernen?

7.12 Wie heißen die Calciumsalze der Salzsäure und der Schwefelwasserstoffsäure? Geben Sie auch die Formeln an!

Chemie für Ingenieure – Aufgaben und Lösungen, 1. Auflage. Jan Hoinkis.

7.13 Welche Oxide des Kohlenstoffs kennen Sie? Wie steht es mit ihrer Giftigkeit?

7.14 Nennen Sie wichtige Stickstoffoxide und deren Eigenschaften!

7.15 Distickstoffmonoxid kann durch Erhitzen von Ammoniumnitrat hergestellt werden. Formulieren Sie die Reaktionsgleichung. Um welchen Typ chemischer Reaktion handelt es sich?

7.16 Erklären Sie, warum das Distickstoffmonoxid ein schwaches Dipolmoment aufweist, obwohl es insgesamt die gleiche Elektronenzahl besitzt (isoelektronisch) wie das unpolare Kohlendioxid!

7.17 Welche Hauptgefahren treten bei den umweltrelevanten Schadstoffen Schwefeldioxid und Stickstoffoxiden jeweils auf und zu welcher Jahreszeit ist die Wirkung am gefährlichsten? Warum?

7.18 Geben Sie die Aggregatzustände bei Raumtemperatur für die beiden ähnlich geschriebenen Oxide CO_2 und SiO_2 an und begründen Sie diesen Tatbestand!

7.19 Was versteht man unter der Piezoelektrizität von Quarz?

7.20 Geben Sie den Unterschied zwischen Quarzglas und Quarzgut an!

7.21 Was sind Exsikkatoren und mit welchen Stoffen werden sie ausgestattet?

7.22 Welche Nichtmetalloxide sind wichtige Indikatoren für den Grad der Luftverschmutzung?

7.23 Warum gibt es ein Chlorat (ClO_3^-) aber kein Fluorat (FO_3^-), obwohl die Elemente Cl und F in der gleichen Hauptgruppe stehen?

7.24 Welche chemischen Formeln haben folgende Säuren: Schwefelsäure, schweflige Säure, Salpetersäure, salpetrige Säure, Kohlensäure? Wie heißen ihre Salze?

7.25 Wie werden a) Salpetersäure und b) Schwefelsäure technisch hergestellt?

7.26 Welche Bedingungen (hinsichtlich Druck und Temperatur) sind zur Erzielung einer hohen Ausbeute bei der industriellen Herstellung von Schwefeltrioxid SO_3 notwendig?

7.27 Was versteht man unter kondensierten Säuren? Nennen Sie ein Beispiel!

7.28 Was ist Blaugel? Wofür wird es verwendet? Wie kann man es regenerieren?

7.29 Nennen Sie Oxide, die – in Wasser gelöst – starke Basen ergeben!

7.30 Was versteht man unter „gelöschtem" Kalk und wie wird er hergestellt?

7.31 Was sind amphotere Hydroxide?

7.32 Was ist Glas in chemischer Hinsicht?

7.33 Welche Arten von Sicherheitsglas gibt es? Wie ist die Wirkungsweise von diesen?

7.34 Was versteht man unter Glaskeramik? Welches ist eine besondere Eigenschaft dieses Materials?

7.35 Was versteht man unter Molekularsieben?

7.36 Warum ist Al_2O_3 hart, spröde und leitet den elektrischen Strom nur in der Schmelze?

7.37 Welche chemischen Vorgänge spielen sich beim Abbinden von Kalkmörtel ab?

7.38 Was versteht man unter Sintern?

7.39 Was ist Zement, was Beton?

7.40 Was ist Gips? Welche Reaktion führt zum Abbinden von Gips?

7.41 Was sind Carbide? Welche Arten und typische Vertreter kennen Sie?

7.42 Was sind Nitride?

7.43 Wie unterscheiden sich die Eigenschaften keramischer Werkstoffe von Metallen?

7.44 Welche Stoffe bezeichnet man als Hochleistungskeramik und wie kann man diese hinsichtlich ihrer Bindungsverhältnisse unterteilen?

7.45 Warum hat die Nanotechnologie besondere Bedeutung in der technischen Anwendung?

7.46 Was versteht man unter dem sogenannten Sol-Gel-Verfahren bei der Herstellung von Nanoschichten?

7.47 Was versteht man bezüglich der Oberflächeneigenschaften von Stoffen unter dem „Lotuseffekt"?

7.48 Nennen Sie Anwendungen aus dem Bereich der Nanotechnologie!

8
Organische Verbindungen

8.1 Geben Sie generelle Unterschiede zwischen organischen und anorganischen Verbindungen an!

8.2 Charakterisieren Sie die folgenden Stoffklassen:

a) aliphatische Verbindungen,
b) Aromaten,
c) Heterocyclen,
d) alicyclische Verbindungen.

8.3 Was sind gesättigte, was ungesättigte organische Verbindungen?

8.4 Was sind Alkane (Paraffine) und Alkene?

8.5 Was versteht man unter Radikalen und wie benennt man diese?

8.6 Ordnen Sie folgende vier radikalische Verbindungen nach steigender Stabilität:

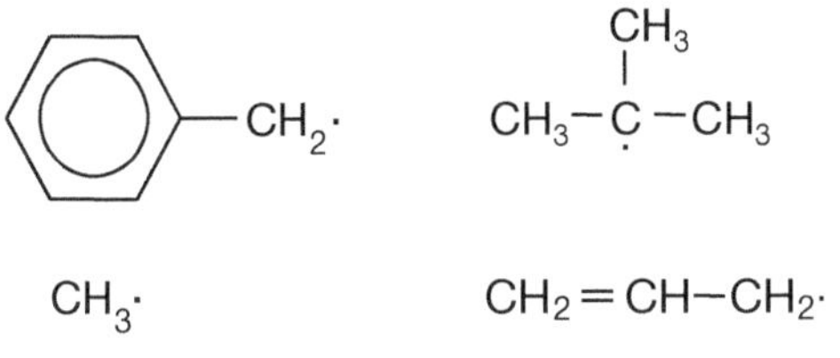

$C_6H_5{-}CH_2\cdot$ $\qquad$ $CH_3{-}\dot{C}(CH_3){-}CH_3$

$CH_3\cdot$ $\qquad$ $CH_2{=}CH{-}CH_2\cdot$

8.7 Welche Summenformel besitzt ein Alkan mit 15 und ein Alken mit 10 C-Atomen?

8.8 Was sind strukturisomere Verbindungen?

Chemie für Ingenieure – Aufgaben und Lösungen, 1. Auflage. Jan Hoinkis.

8.9 Geben Sie die Strukturformeln für folgenden Kohlenwasserstoffe:

a) 2,3-Dimethylpentan,
b) 2,4,7-Trimethyloctan,
c) 3-Ethyl-3-methylpentan,
d) 5-(1,2-Dimethylpropyl)nonan.

8.10 Geben Sie die Strukturformeln der drei isomeren Pentane an und benennen Sie die Verbindungen!

8.11 Es gibt nur eine Verbindung 1,2-Dibromethan, jedoch zwei isomere Verbindungen 1,2-Dibromethen. Erklären Sie diesen Sachverhalt!

8.12 Was sind Olefine oder Alkene und wie kann man sie nachweisen?

8.13 Was bezeichnen die Ausdrücke „Hydrieren" und „Dehydrieren"?

8.14 Was versteht man unter Cracken von Paraffinen und wozu dient dieses Verfahren?

8.15 Welche chemische Formel hat die Verbindung 1,3-Butadien, welche die Verbindung 2-Methyl-1,3-butadien, auch Isopren genannt?

8.16 Zur Beurteilung der chemischen Reaktivität sollen die Hydrierungsenthalpien für folgende Stoffe betrachtet werden: 1-Buten, 1,3-Butadien und 1,4-Pentadien. Ordnen Sie folgende Hydrierungsenthalpien −253 kJ/mol, −126 kJ/mol und −236 kJ/mol und begründen Sie Ihre Entscheidung.

8.17 Nennen Sie wichtige Eigenschaften des Acetylens (Ethin)! Welche Vorsichtsmaßnahmen sind bei der Verwendung von Acetylen notwendig?

8.18 Warum ist es gerechtfertigt, von einer Stoffklasse der aromatischen Verbindungen zu sprechen?

8.19 Welche Strukturformeln haben folgende Verbindungen:

a) Styrol,
b) Toluol,
c) 1,3-Dimethylbenzol (m-Xylol)?

8.20 Warum ist Phenol in Wasser nur begrenzt, in Natronlauge jedoch besser löslich?

8.21 Nennen Sie die bekannteste krebserregende Verbindung, die zur Stoffklasse der kondensierten Aromate bzw. polyaromatischen Kohlenwasserstoffe gehört!

8.22 Was sind polychlorierte Biphenyle und welche schädlichen Eigenschaften habe sie?

8.23 Nennen Sie die funktionellen Gruppen von folgenden Stoffklassen: Alkohole, Phenole, Ketone, Ether, Aldehyde, Carbonsäuren!

8.24 Die Verbindungen n-Pentan, 2-Butanon und Propansäure haben deutlich unterschiedliche Siedepunkte (36 °C, 80 °C und 141 °C), obwohl die Molekülmassen ähnlich sind. Erklären Sie diesen Sachverhalt!

8.25 Was versteht man unter dem sogenannten ODP-, was unter dem GWP-Wert?

8.26 Was versteht man unter FCKW und FKW?

8.27 Zeichnen Sie die Strukturformeln folgender Verbindungen:

a) Ether ($C_4H_{10}O$),
b) Aldehyd (C_2H_4O),
c) primärer Alkohol (C_3H_8O),
d) Carbonsäure ($C_4H_8O_2$).

8.28 Was ist Glykol, was Glycerin in chemischer Hinsicht? Sind diese Stoffe giftig? Wofür werden sie verwendet?

8.29 Zeichnen Sie die Strukturformeln folgender Verbindungen:

a) Essigsäureethylester,
b) 2-Methyl-1-propanol,
c) Butanal,
d) Diethylamin,
e) Propansäureethylamid,
f) 1-Amino-2-methyl-4-hydroxybenzol.

8.30 Warum ist Methanol unter Raumbedingungen flüssig, während Methylchlorid mit größerer Molmasse gasförmig ist?

8.31 Warum haben Carbonsäuren einen höheren Siedepunkt, als man es nach der Molmasse erwarten würde?

8.32 Zeigen Sie am Beispiel der Alkohole, wodurch die Wasserlöslichkeit von organischen Verbindungen bedingt wird!

8.33 Ordnen Sie die folgenden Stoffe nach zunehmender Wasserlöslichkeit: Propantriol, 2-Heptanol, 2,3-Dimethylhexan, 2-Butanol. Begründen Sie Ihre Entscheidung!

8.34 Wann bezeichnet man organische Verbindungen als optisch aktiv? Welche Merkmale im Molekülaufbau zeigen solche Verbindungen?

8.35 Von den drei möglichen isomeren Verbindungen des Butanol weisen zwei die gleiche Schmelz- und Siedetemperatur auf, unterscheiden sich aber in der optischen Aktivität. Zeichen Sie die Strukturformel und erklären Sie!

8.36 Was sind Ester in chemischer Hinsicht?

8.37 Was versteht man unter Fetten, was unter fetten Ölen?

8.38 Welche Stoffe verwendet man als waschaktive Substanzen in Waschmitteln? Worauf beruht ihre Waschwirkung?

8.39 Waschprozesse werden durch hartes Wasser negativ beeinflusst. Erklären Sie diesen Sachverhalt, und geben Sie an, welche Waschmittelinhaltsstoffe dem Einfluss der Wasserhärte entgegenwirken.

8.40 Welche funktionellen Gruppen haben folgende Stoffklassen: primäre Amine, Aminosäuren, Säureamide, Nitrile, Nitroverbindungen?

8.41 Was sind Dioxine und Furane und wie können sie entstehen?

8.42 Was versteht man unter einer Kerrzelle und mit welcher organischen Flüssigkeit ist diese typischerweise gefüllt?

8.43 Was sind Kohlenhydrate?

8.44 Welches Polysaccharid enthalten Zellwände von Pflanzen?

8.45 Durch milde Oxidation von Glycerin (Propantriol) mittels Wasserstoffperoxid lassen sich drei verschiedene Zucker $C_3H_6O_3$ herstellen, wobei sich zwei in ihrem räumlichen Aufbau unterscheiden. Zeichnen Sie die Strukturformeln der entstehenden Zuckermoleküle!

8.46 Warum ist der Schmelzpunkt der Aminosäure Glycin (CH_2NH_2COOH) wesentlich höher als der von Hydroxyessigsäure ($CH_2OHCOOH$)?

8.47 Methylester von Aminosäuren eignen sich im Gegensatz zu den freien Aminosäuren für gaschromatografische Untersuchungen. Erklären Sie diesen Sachverhalt!

8.48 Was versteht man unter „Reformieren" und „Platformieren"?

8.49 Was ermöglicht die Zusammenlagerung von vielen Cellulosemolekülen zu Cellulosefäserchen?

8.50 Woraus besteht Eiweiß?

8.51 Was ist der Heizwert, was der Brennwert?

8.52 Wodurch unterscheiden sich Benzin und Dieselkraftstoffe in chemischer Hinsicht?

8.53 Was ist die Oktanzahl, was die Cetanzahl?

8.54 Was bedeutet der sogenannte Lambda-Wert bei Verbrennungsvorgängen im Motor?

8.55 Nennen Sie mögliche alternative Kraftstoffe zu Benzin und Diesel sowie Vor- und Nachteile!

8.56 Was versteht man unter Biodiesel und wie wird dieser hergestellt?

8.57 Was versteht man unter regenerativen Kraftstoffen?

8.58 Nennen Sie die Hauptzusätze von Schmierölen und deren Wirkungsweisen!

8.59 Woraus bestehen Schmierfette?

8.60 Welche Stoffe kann man als Feststoffschmiermittel einsetzen?

8.61 Welche Sicherheitsmaßnahme ist beim Umfüllen größerer Mengen brennbarer Flüssigkeiten notwendig?

9
Kunststoffe

9.1 Wie kann man den molekularen Aufbau von Thermoplasten, Elastomeren, Duroplasten und Fluidoplasten charakterisieren?

9.2 Welcher Unterschied besteht zwischen amorphen und teilkristallinen Thermoplasten?

9.3 Wie ändern sich die Eigenschaften von Thermoplasten, Elastomeren, Duroplasten und Fluidoplasten beim Abkühlen und beim Erwärmen?

9.4 Was versteht man unter einem thermoplastischen Elastomer? Wie unterscheidet sich dieser von „normalen Elastomeren" hinsichtlich der molekularen Struktur?

9.5 Was versteht man unter der Glasübergangstemperatur (Einfriertemperatur), der Fließtemperatur und der Zersetzungstemperatur? Was ist der Stockpunkt?

9.6 Worauf beruht das Prinzip der Gummielastizität?

9.7 Was passiert auf molekularer Ebene, wenn Thermoplaste vom zähelastischen in den plastischen Zustand übergehen?

9.8 Welches generell unterschiedliche Verhalten zeigen Thermoplaste, Elastomere und Duroplaste gegenüber organischen Lösungsmitteln?

9.9 Was sind Weichmacher und wie wirken sie auf molekularer Ebene?

9.10 Wie sehen die Spannungs-Dehnungs-Diagramme von Duroplasten, Elastomeren, verformungsfähigen und reckbaren Thermoplasten aus?

9.11 Welche natürlichen Makromoleküle verwendet man hauptsächlich zur Herstellung abgewandelter Naturprodukte?

Chemie für Ingenieure – Aufgaben und Lösungen, 1. Auflage. Jan Hoinkis.

9.12 Charakterisieren Sie die Kunststoffe CN und CA!

9.13 Wie heißt das Verfahren zur Herstellung von Gummi aus Kautschuk? Welche Veränderungen finden dabei im molekularen Bereich statt?

9.14 Wie steht es um die Luft- bzw. Ozonempfindlichkeit von Gummi und wie lässt sie sich beeinflussen?

9.15 Wie läuft im Allgemeinen eine Polymerisation ab?

9.16 Wodurch kann die Startreaktion bei einer Polymerisationsreaktion ausgelöst werden?

9.17 Aus PVC können sowohl harte Formteile (z. B. Rohre) als auch weiche Folien oder Schläuche hergestellt werden. Wie lassen sich die Eigenschaften von PVC in solch einem weiten Anwendungsbereich beeinflussen?

9.18 Was versteht man unter einem Mischpolymerisat bzw. Copolymerisat? Charakterisicren Sie dabei die statistische Copolymerisation sowie die Block- und Pfropf-Copolymerisate!

9.19 Styrol-Butadien-Kautschuk ist ein Copolymerisat von Butadien und Styrol. Zeichnen Sie einen charakteristischen Strukturausschnitt des linearen Makromoleküls.

9.20 Durch welche Verfahren werden PE-HD und PE-LD großtechnisch hergestellt? Erklären Sie anhand der molekularen Struktur die unterschiedlichen Eigenschaften von PE-HD und PE-LD hinsichtlich E-Modul, Erweichungstemperatur und Beständigkeit gegen unpolare Lösungsmittel!

9.21 Beschreiben Sie die Kunststoffe PE-HD, PE-LD, PP, PS, ABS, PVC, PTFE, PMMA, POM! Nennen Sie insbesondere

a) Namen,
b) chemische Zusammensetzung (Formel) und
c) typische Eigenschaften, Merkmale oder Verwendungsmöglichkeiten dieser Kunststoffe!

9.22 Warum besitzen sowohl PVC-U als auch PE-HD eine bessere Beständigkeit gegenüber Benzin als PS (erklären Sie dies anhand des molekularen Aufbaus)?

9.23 Warum können Kinderspielzeuge aus PVC aus toxikologischer Sicht problematisch sein?

9.24 Wie unterscheiden sich isotaktisches und ataktisches Polypropylen hinsichtlich des Aufbaus und der Eigenschaften?

9.25 Was versteht man unter Polykondensation und Polyaddition (nennen Sie jeweils ein Beispiel)?

9.26

a) Wie lautet der Name und das Kurzzeichen des folgenden Kunststoffs und welcher Reaktionstyp wird zu seiner Herstellung verwendet:

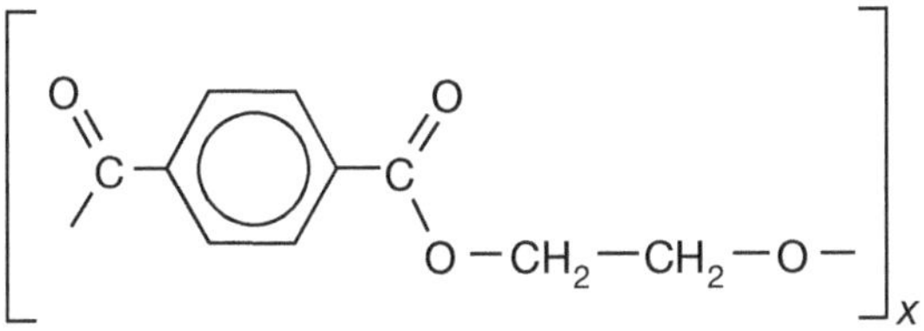

$$\left[-\overset{O}{\overset{\|}{C}}-C_6H_4-\overset{O}{\overset{\|}{C}}-O-CH_2-CH_2-O- \right]_x$$

b) Dieser Kunststoff kann bei der Synthese durch Zugabe von Monomeren des folgenden Typs

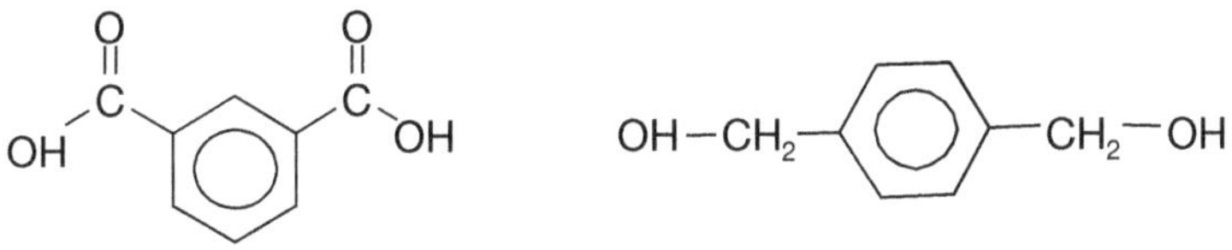

A: $HO-\overset{O}{\overset{\|}{C}}-C_6H_4-\overset{O}{\overset{\|}{C}}-OH$ (meta)

B: $OH-CH_2-C_6H_4-CH_2-OH$

so modifiziert werden, dass dieser Kunststoff auch in großen Schichtdicken noch transparent ist. Begründen Sie dies anhand der veränderten molekularen Struktur!

c) Wie ändern sich für die unter b) vorgeschlagene Modifikation tendenziell die Dichte, die mechanischen Eigenschaften und die Chemikalienbeständigkeit?

9.27 Gore-Tex- und Sympatex-Membranen werden als dünne Folien (5–25 µm) auf textiles Trägermaterial aufgebracht („laminiert"), damit es „atmungsaktiv" wird, d. h., die Membranen sind durchlässig für einzelne Wassermoleküle jedoch nicht für flüssiges Wasser. Gore-Tex besteht aus PTFE, während Sympatex aus einem Kunststoff basierend auf PET hergestellt wird. Dabei enthält die Gore-Tex-Membran feine Poren (ca. 0,2 µm Durchmesser), während die Sympatex-Membran porenlos ist. Erläutern Sie anhand der chemischen Struktur der Polymere, warum die Gore-Tex-Membran im Gegensatz zur Sympatex-Membran feine Poren enthalten muss.

9.28 Welche charakteristischen Gruppen und welche typischen Eigenschaften haben Polyamide?

9.29 Warum sind Polyamide sehr unbeständig gegen Säuren? Erläutern Sie den hierbei ablaufenden Reaktionsmechanismus!

9.30 Welcher der beiden Kunststoffe PA 46 bzw. PA 66 hat das höhere E-Modul, den höheren Schmelzpunkt und die höhere Maßgenauigkeit? Erklären Sie dies anhand der jeweiligen Molekülstruktur!

9.31 Nennen Sie wichtige Anwendungsmöglichkeiten für die Formaldehyd-Kondensationskunststoffe mit Phenol, Harnstoff und Melamin!

9.32 Was sind Polyester? Welche typischen Arten gibt es und wofür werden sie verwendet?

9.33 Wie kann man die Temperaturbeständigkeit von Polykondensationskunststoffen erhöhen?

9.34 Ordnen Sie folgende Kunststoffe nach steigender Temperaturbeständigkeit und begründen Sie Ihre Entscheidung:

PTFE, PVC, PE-HD, PPE, PC.

9.35 Welche Bedeutung hat der Glasfaseranteil in glasfaserverstärkten Kunststoffen?

9.36 Welche der Gewebe aus folgenden Kunststofffasern trocknen nach Befeuchtung schneller? Ordnen Sie folgende Kunststofffasern nach deren Trocknungszeit: PA 6, CA, PC, PP!

9.37 Was besagt die Bezeichnung Polycarbonate und welche typischen Eigenschaften haben diese Kunststoffe?

9.38 Welche der folgenden Verbindungen kann prinzipiell zu Polymeren reagieren (Begründung)?

$CH_2(OH)-CH_2(OH)$

(a)

$CH_2=CH(OH)$

(b)

$CH_3-CH_2-CH_2-CH_2-OH$

(c)

$HOOC-C_6H_4-COOH$

(d)

$H_2C-CH_2-CH(NH_2)-CH_2-CH_2$ (Ring)

(e)

9.39 Beschreiben Sie die Entstehung eines Polyurethans aus Toluol-2,4-diisocyanat und Glykol!

9.40 Wofür verwendet man Epoxidharze?

9.41 Was versteht man unter „Pyrolyse"?

9.42 Was sind Silicone, welche Arten dieser Kunststoffklasse kennen Sie?

9.43 Welche zwei Faktoren spielen im Wesentlichen eine Rolle für die Lösungsmittelbeständigkeit von Kunststoffen?

9.44 Was versteht man unter dem „kalten Fließen" von Kunststoffen?

9.45 Welche Veränderungen können Kunststoffe durch UV-Strahlen erleiden?

9.46 Welche Faktoren begünstigen die Entstehung von Spannungsrissbildung für Kunststoffe?

9.47 Wie kann man die Brandgefährlichkeit von Kunststoffen vermindern?

9.48 Warum ist PVC-U ein schwer entflammbarer Kunststoff?

9.49 Was versteht man beim chemischen Recycling unter Pyrolyse und Hydrolyse?

9.50 Nennen sie mögliche Recyclingverfahren für die Kunststoffe UF, PA, PET, PE, PP, PVC, MF!

9.51 Was versteht man unter biologisch abbaubaren Kunststoffen?

10 Elektrochemie

10.1 Wie ist die Normal-Wasserstoffelektrode aufgebaut und durch welche Bedingungen ist sie definiert?

10.2 Was versteht man unter dem Normalpotenzial eines Metalls?

10.3 Welche elektrochemischen Reaktionen sind zu erwarten, wenn man folgende Stoffe zusammenbringt?

a) Fe und Cu^{2+}
b) Cu und Fe^{2+}
c) Cu und Fe^{3+}
d) Al und Hg^{2+}
e) Cl_2 und Br^-

Geben Sie den generellen Reaktionsverlauf an, der sich einstellt, wenn man zwei Redoxpaare der elektrochemischen Spannungsreihen miteinander koppelt!

10.4 Was passiert jeweils, wenn man gut gesäuberte Bleche aus

a) Zink
b) Silber
c) Kupfer

in eine wässrige Lösung mit Blei (Pb^{2+})-Ionen eintaucht?

10.5 Machen Sie einen Vorschlag zur chemischen Trennung eines Gemischs aus den Metallen Zn, Ag und Au!

10.6 Aus den beiden Halbzellen $Cu|Cu^{2+}$ und $2Cl^-|Cl_2$ wird ein galvanisches Element aufgebaut.

a) Welche maximale elektrische Spannung kann unter Standardbedingungen erhalten werden? Welche Halbzelle ist der Pluspol?

Chemie für Ingenieure – Aufgaben und Lösungen, 1. Auflage. Jan Hoinkis.

b) Wie groß ist die elektrische Spannung, wenn – unter sonst gleichen Bedingungen – die Cu^{2+}-Lösung auf ein Hundertstel der ursprünglichen Konzentration verdünnt wird?

10.7 Das Normalpotenzial für die elektrochemische Zelle $Sn/Sn^{2+}//Au/Au^{3+}$ beträgt 1,64 V. Wie groß ist das Normalpotenzial der Zinnhalbzelle? Welche Halbzelle ist der Minuspol?

10.8 Welche Metalle lösen sich in 1-normalen, nicht oxidierenden Säuren? Welche Metalle können von neutralem Wasser angegriffen werden?

10.9 Ein Werkstück aus Kupfer wird von 1-molarer, wässriger Salzsäure (HCl) nicht angegriffen, während es sich in 1-molarer, wässriger Salpetersäure (HNO_3) auflöst. Warum?

10.10 Warum kann man einen angelaufenen Silberlöffel in heißer Kochsalzlösung mit Aluminiumfolie reinigen?

10.11 Welches Potenzial (positiv oder negativ) haben edle Metalle gegenüber der Normal-Wasserstoffelektrode? Durch welche Säuren lassen sich Edelmetalle in Lösung bringen?

10.12 Welcher Reaktionen bedient man sich zur Auflösung von Kupfer bei der Herstellung gedruckter elektrischer Schaltungen?

10.13 In einem galvanischen Element mit zwei Halbzellen $Ag|Ag^+$ unterschiedlicher Ionenkonzentration ergibt sich eine Spannung von 0,1 V. Wie groß ist der Quotient der Ag^+-Ionenkonzentration der beiden Halbzellen?

10.14 Welche Spannung würde ein galvanisches Element liefern, welches aus folgenden Halbzellen aufgebaut ist?

$$Zn|Zn^{2+}\ (c_{Zn^{2+}} = 0,1\ \text{mol/l}) \quad \text{und} \quad H_2|2H^+ \quad \text{(pH-Wert des Elektrolyt: 4)}$$

10.15 Warum hat man neben den elektrochemischen Spannungsreihen der Normalpotenziale auch praktische Spannungsreihen aufgestellt?

10.16 Berechnen Sie aus der Nernst'schen Gleichung das Potenzial einer Wasserstoffelektrode für die pH-Werte 6 und 9!

10.17 Zur Messung der Wasserstoffionenkonzentration bzw. des pH-Werts einer Lösung wird diese in eine Wasserstoffhalbzelle eingefüllt. Die andere Halbzelle ist die Standardelektrode. Es ergibt sich eine Zellspannung von –0,3 V. Welchen pH-Wert hat die Messlösung?

10.18 Ein sogenannter Zink-Brom-Akkumulator ist ein galvanisches Element, welches aus zwei durch eine Membran getrennten Lösungen aus Zink und Brom und deren Salze sowie Grafitelektroden aufgebaut ist. Geben Sie die Elektrodenreaktionen an der negativen und positiven Elektrode beim Entladen an und berechnen Sie die theoretische Normalspannung für dieses galvanische Element.

10.19 Zur Stromversorgung von Herzschrittmachern können Zink-Iod-Knopfzellen verwendet werden. Formulieren sie die Elektrodenreaktionen und berechnen Sie die theoretische Normalspannung.

10.20 Welche Elektroden zweiter Art verwendet man häufig als Vergleichselektroden? Nennen Sie die Bestandteile solcher Elektroden!

10.21 Ändert sich das Potenzial einer Silber/Silberchlorid-Elektrode (einer Kalomelelektrode) mit der Konzentration der verwendeten Kaliumchloridlösung? Begründen Sie Ihre Antwort!

10.22 Welche Elektrodenkombination wird zur kontinuierlichen pH-Messung verwendet? Welche Funktionen erfüllen die einzelnen Elektroden bei der Messung, wie ist ihr Aufbau, ihr Messbereich, und wie muss sie gewartet werden?

10.23 Welche chemischen Reaktionen laufen in einer Alkali-Mangan-Zelle ab? Wie steht es mit der Wirtschaftlichkeit dieser Stromerzeugungsart?

10.24 Welche Stoffe enthalten die Elektrodenoberflächen von Bleiakkumulatoren im geladenen und im ungeladenen Zustand? Welchen Elektrolyt verwendet man in Bleiakkumulatoren?

10.25 Woran kann man den Ladungszustand von Bleiakkumulatoren erkennen?

10.26 Welcher gefährliche Stoff kann insbesondere beim Laden von Bleiakkumulatoren entstehen? Wie kann man diesen gefahrlos beseitigen?

10.27 Welche Spannung liefert eine Zelle eines Bleiakkus?

10.28 Was sind die Vorteile des Nickel-Metallhydrid- gegenüber dem Nickel-Cadmium-Akku?

10.29 Welche Vorgänge laufen beim Lithium-Ionen-Akkumulator beim Entladen und Laden ab?

10.30 Was sind Brennstoffzellen?

10.31 Erklären Sie das Prinzip einer Membranelektrolytbrennstoffzelle!

10.32 Was versteht man unter der EMK eines galvanischen Elements und wie kann man diese bestimmen?

10.33 Welche elektrolytischen Vorgänge können an der Kathode, welche an der Anode auftreten?

10.34 Wie lauten die beiden Faraday'schen Gesetze?

10.35 Zur Analyse einer Eisenchloridlösung wird diese 15 min lang mit 120 mA elektrolysiert. Es werden hierbei 21 mg Eisen abgeschieden. Handelte es sich um ein Salz mit Fe^{2+}- oder Fe^{3+}-Ionen (Stromausbeute $a = 1$)?

10.36 Was sind Leiter erster und zweiter Klasse? In welcher Größenordnung liegt das Verhältnis ihrer elektrischen Leitfähigkeiten?

10.37 Bei einem PKW werden die Scheinwerfer bei abgestelltem Motor für 15 min eingeschaltet (Frontscheinwerfer 2×67 W, Rücklichter 2×21 W). Berechnen Sie die Masse an gebildetem Bleisulfat im Bleiakku ($U = 12$ V) unter der Annahme, dass 5 % Leistungsverluste auftreten.

10.38 Zur Reinigung eines kupferionenhaltigen Abwassers aus einem industriellen Prozess wird eine Elektrolyse vorgeschlagen. Die Konzentration der Kupferionen beträgt 1500 mg/l.
Wie lange muss eine Charge von 10 m^3 Abwasser elektrolysiert werden, damit die Kupferionen vollständig entfernt werden ($I = 100$ kA; Stromausbeute $a = 0{,}8$)?

10.39 Zum Verchromen eines Werkstücks mit der Oberfläche 0,32 m^2 soll eine 0,23 mm dicke Chromschicht durch Elektrolyse aufgebracht werden. Das Chrom wird dabei aus einer wässrigen Chromatlösung (CrO_4^{2-}) abgeschieden. Welche Stromstärke ist für die Galvanisierung notwendig, wenn sie in 50 min abgeschlossen sein soll (Dichte von Chrom $d = 7{,}2\ g/cm^3$, $a = 1$)?

10.40 Berechnen Sie die Zeit, welche zur Abscheidung von 5 g Magnesiummetall aus einer Magnesiumsalzschmelze bei einer Stromstärke von 7 A ($a = 1$)!

10.41 Eine wässrige Zinksalzlösung ($c = 0{,}005\ mol/l$) wird mit einer Grafitelektrode elektrolysiert. Ab welchem pH-Wert ist mit einer Wasserstoffentwicklung an der Elektrode zu rechen, wenn die Überspannung des Wasserstoffs 0,7 V beträgt?

10.42 Welche der folgenden Metalle können prinzipiell nicht durch Elektrolyse ihrer entsprechenden wässrigen Salzlösung hergestellt werden (Begründung!)?

Na , Mg , Al , Cu , Ag

10.43 Was versteht man unter der Chlor-Alkali-Elektrolyse und welche Produkte entstehen (Reaktionsgleichungen!)?

10.44 Aluminium wird großtechnisch durch die Schmelzflusselektrolyse von Al_2O_3 hergestellt.

a) Welche Vorgänge laufen bei der Elektrolyse an der Kathode und welche an der Anode ab?
b) Warum kann Aluminium nicht durch Elektrolyse in einem *wässrigen* Elektrolyten hergestellt werden?
c) Wie lange dauert es, bis das Aluminium zur Herstellung einer Getränkedose (4 g) abgeschieden ist, wenn bei einer Stromstärke von 50 kA gearbeitet wird und die Stromausbeute 0,9 beträgt?

10.45 Welche Vorgänge laufen bei der Elektrolyse folgender *wässriger* Lösungen an der Kathode und an der Anode ab?

a) HCl
b) Na_2SO_4
c) LiBr
d) CuI_2

10.46 Was gibt die Zersetzungsspannung an, was die Überspannung?

10.47 Was versteht man unter Konzentrationspolarisation (Diffusionspolarisation) und wann kann diese auftreten?

10.48 Welche Bearbeitungsoperationen (richtige Reihenfolge!) sind notwendig, um metallische Werkstücke für das Galvanisieren vorzubereiten? Welches Phänomen macht man sich beim Elektroentgraten zunutze?

10.49 Nennen Sie wichtige galvanisch aufgetragene Metallschutzschichten und deren Hauptanwendungsgebiete!

10.50 Charakterisieren Sie die folgenden Korrosionsarten und geben Sie deren Hauptursachen an:
Lochfraß, Untergrundkorrosion, Gefügezerfall, Spannungsrisskorrosion, Schwingungskorrosion, Erosionskorrosion, Kavitation und Heißkorrosion!
Erklären Sie, wie es zur sogenannten Wasserstoffkrankheit des Kupfers kommen kann!

10.51 Nennen und beschreiben Sie einige Verfahren zum Aufbringen von metallischen Korrosionsschutzschichten!

10.52 Warum beginnt das Rosten von Autokarosserien meist an den Schweißnähten und wird durch Feuchtigkeit und Streusalz beschleunigt?

10.53 Bei einer verchromten Eisenstange wird die schützende Chromschicht verletzt. Wird das Rosten des Eisens verstärkt oder abgeschwächt? Warum?

10.54 Warum sollte man eine Rohrleitung aus Kupfer nicht mit feuerverzinkten Rohrschellen befestigen? Welche Schutzmaßnahme ist zu empfehlen?

10.55 Ist ein Zinnbecher (bei 1 bar und 25 °C) gegen Essigsäure (pH-Wert = 4) beständig?

10.56 Welche Verfahren sind üblich, um einerseits Aluminium, andererseits Zink, Aluminium oder Magnesium mit schützenden anorganischen Oxidationsprodukten zu versehen?

10.57 Was ist Brünieren? Wozu dient das Phosphatieren?

10.58 Was versteht man unter ionenselektiven Elektroden (Beispiel) und welches Problem tritt typischerweise im praktischen Einsatz auf?

10.59 Auf welche Weise kann man organische Schutzüberzüge ohne Verwendung von Lösungsmitteln auf Metalle aufbringen?

10.60 Warum ist ein Eisenblech, welches mit einer Schutzschicht aus Zinkmetall überzogen ist, auch bei einer Verletzung der Schutzschicht durch Kratzer geschützt, während dies bei einem verzinnten Eisenblech nicht der Fall ist?

10.61 Was versteht man unter Voltammetrie und unter Polarografie?

10.62 Welche prinzipiellen Methoden gibt es für einen kathodischen Korrosionsschutz?

10.63 Welche Gesetzmäßigkeiten macht man sich zur analytischen Erfassung bei folgenden Methoden zunutze: Leitfähigkeitsmethode (Konduktometrie), Potenziometrie, Amperometrie, Coulometrie?

10.64 Erklären Sie das Messprinzip einer sogenannten Lambda-Sonde? Wo wird diese vorzugsweise eingesetzt?

10.65 Warum ist es möglich, SO_2-Immissionsmessungen nach der Leitfähigkeitsmethode durchzuführen?

10.66 Was versteht man unter einer potenziometrischen Titration? Was zeigen die dabei registrierten Spannungswerte an?

11
Spektren und ihre Anwendungen

11.1 Was versteht man in der Chemie und Physik gewöhnlich unter einem Spektrum?

11.2 Worin besteht der Unterschied zwischen einem Absorptions- und einem Emissionsspektrum?

11.3 Erklären Sie das Phänomen der Fluoreszenz und Phosphoreszenz!

11.4 Was versteht man unter optischen Aufhellern und welche Eigenschaften besitzen sie?

11.5 Welche Formen können Spektren aufweisen und wodurch werden diese bedingt?

11.6 Erklären Sie Zweck und Methode der Neutronenaktivierungsanalyse!

11.7 Wozu kann die Röntgenfluoreszenzanalyse dienen? Was kann man mit der Röntgenstrukturanalyse ermitteln?

11.8 Welche energetischen Veränderungen im molekularen Bereich können durch UV-Strahlen herbeigeführt werden?

11.9 Welche Spektrenarten im sichtbaren Bereich der elektromagnetischen Wellen werden zur analytischen Messung verwendet?

11.10 Welche Anregungsquelle wird bei der sogenannten ICP-Methode verwendet?

11.11 Was versteht man unter der Atomabsorptionsspektroskopie und wo wird diese eingesetzt?

11.12 Welche Anregungen können Moleküle durch IR-Strahlen erfahren?

Chemie für Ingenieure – Aufgaben und Lösungen, 1. Auflage. Jan Hoinkis.

11.13 Was versteht man unter Raman-Spektroskopie und was sind hierbei die Unterschiede zur IR-Spektroskopie?

11.14 Welche der folgenden Gase können nicht durch Infrarotspektroskopie erfasst werden: SO_2, H_2, NH_3, CH_4, N_2?

11.15 Erklären Sie warum neben Kohlendioxid auch Wasserdampf zum sogenannten Treibhauseffekt der Erdatmosphäre beiträgt und bewerten sie generell die Beiträge beider Stoffe zu diesem!

11.16 Zeichnen Sie die IR-aktiven Resonanzschwingungen für die Moleküle

a) N_2O
b) OCS
c) H_2S
d) SO_2

11.17 Was sind Fotometer (Messprinzip, Aufbau) und was lässt sich mit ihnen bestimmen?

11.18 Was versteht man unter dem Lambert-Beer'schen Gesetz? Wo wird diese Gesetzmäßigkeit ausgenutzt?

11.19 Mit einem Fotometer wird die Extinktion E einer Vanillinsäurelösung (0,3 g/l) bei einer Wellenlänge von 254 nm in einer 1 cm-Küvette zu 0,6 bestimmt.

a) Berechnen Sie den Extinktionskoeffizienten ε in l/(cm mol) (Molmasse von Vanillinsäure: $M = 168\,\text{g/mol}$)!
b) Bei einer Vanillinlösung mit unbekannter Konzentration wird eine Extinktion von $E = 0{,}25$ gemessen. Berechnen Sie die Konzentration!

11.20 Für 1,3-Cyclohexadien wurde mit einem Fotometer bei 250 nm ein Extinktionskoeffizienten $\varepsilon = 10\,000\,\text{cm}^2/\text{mol}$ bestimmt. Welche Extinktion wird bei einer Konzentration $c = 0{,}05\,\text{mol/l}$ gemessen?

11.21 Für Kaliumpermanganatlösungen mit unterschiedlicher Konzentration wurden mit einem Fotometer (1 cm-Küvette) bei einer Wellenlänge von 520 nm folgende Extinktionen gemessen:

Konzentration/$\cdot 10^{-4}$ mol/l	0	2	4	6	8
Extinktion	0	0,1	0,18	0,28	0,37

Zeichnen Sie die Extinktion in Abhängigkeit von der Konzentration und tragen Sie eine Ausgleichsgerade ein (Kalibrationsgerade). Für eine Lösung mit unbekannter Konzentration wird in einer 1 cm-Küvette bei 520 nm eine Extinktion von 0,15 gemessen. Ermitteln Sie mithilfe der Kalibrationsgerade die Konzentration.

11.22 Mit welchen Gerätetypen lassen sich verschiedene gasförmige Komponenten, insbesondere CO und CO_2, mengenmäßig bestimmen?

11.23 Auf welchem Prinzip beruht die magnetische Kernresonanzspektroskopie (NMR-Spektroskopie)? Für welche Untersuchungen wird sie eingesetzt?

11.24 Worauf beruht das Prinzip der Chemolumineszenzanalyse?

11.25 Wozu dienen Massenspektrometer?

11.26 Was versteht man unter einem Flammenionisationsdetektor (FID) und wo wird er häufig eingesetzt?

11.27 Mit welchen Geräten werden Massenspektrometer oft kombiniert?

11.28 In welche zwei Gruppen lassen sich Farbmittel einteilen?

11.29 Was versteht man bei organischen Farbstoffen unter HOMO und LUMO?

11.30 Man ordne den folgenden Verbindungen 1,3-Butadien, 1,3,5-Hexatrien, 2-Buten, Ethen, die entsprechenden Wellenlängen der Strahlungsabsorption zu: 217 nm, 165 nm, 260 nm, 180 nm.

11.31 Welche anorganischen Stoffe sind häufig farbig? Warum?

11.32 Welche charakteristischen Merkmale enthalten farbige organische Verbindungen?

11.33 Warum erscheint ein Farbstoff, der im roten Bereich des sichtbaren Spektrums absorbiert, für das Auge grün?

11.34 Was versteht man unter einer chromophoren Gruppe? Nennen Sie ein Beispiel!

11.35 Was versteht man bei Farbstoffen unter auxochromen Gruppen?

11.36 Warum ändern Farbindikatoren ihre Farbe in Abhängigkeit vom pH-Wert?

11.37 Geben Sie Vor- und Nachteile sowohl von anorganischen als auch von organischen Farbmitteln an!

12
Biochemie und Biotechnologie

12.1 Durch welche Merkmale unterscheiden sich lebende Organismen von toter Materie?

12.2 Geben Sie ein einfaches Einteilungsschema für alle Lebewesen an!

12.3 Nennen Sie drei wichtige Organellenarten eukaryontischer Zellen und deren Funktionen!

12.4 Welche Stofftypen enthält eine lebende Zelle?

12.5 Welche Rolle spielt das ATP (Adenosintriphosphat) in der Zelle?

12.6 Welches ist die wichtigste Reaktion in den Chloroplasten?

12.7

a) Wie nennt man die für den Stoffwechsel verantwortlichen Biokatalysatoren?
b) Woraus bestehen sie in chemischer Hinsicht, wie werden sie benannt und wodurch können sie in ihrer Wirksamkeit beeinträchtigt werden?

12.8 Welches sind die drei Grundnährstoffe?

12.9 Was versteht man unter essenziellen Nahrungsmitteln?

12.10 Was ist die DNA und welche Funktion hat sie?

12.11 Wie erfolgt die Verdoppelung der DNA?

12.12 Welche Nukleinsäuren sind zur Proteinsynthese notwendig und welche Funktionen haben sie dabei?

Chemie für Ingenieure – Aufgaben und Lösungen, 1. Auflage. Jan Hoinkis.

12.13 Was sind Mutationen? Welche Arten unterscheidet man und wodurch können diese ausgelöst werden?

12.14 Was sind somatische Mutationen?

12.15 Was versteht man unter Mutagenese und wozu wird sie genutzt?

12.16 Nennen Sie die wichtigsten Schritte zur Übertragung genetischer Information in Mikroorganismen in der Gentechnik! Nennen Sie ein Beispiel für ein gentechnisch hergestelltes Produkt!

12.17

a) Was versteht man in der Bioverfahrenstechnik unter einem Submers- und einem Festbettreaktor?
b) Nennen Sie Vor- und Nachteile der beiden Reaktoren!

12.18 Nennen Sie zwei Beispiele für häufig eingesetzte Submers-Bioreaktoren!

12.19 Welche Möglichkeiten der Produktaufarbeitung gibt es in der Bioverfahrenstechnik?

12.20 Beschreiben Sie die Verfahrensschritte bei der Bioethanolherstellung!

12.21 Welchen prinzipiellen Aufbau haben Biosensoren?

12.22 Nach welchem Prinzip arbeiten Biosensoren zur Glucosebestimmung?

12.23 Was sind TRK-Werte? Für welche Stoffe werden sie festgelegt (Kriterien)?

12.24 Was versteht man unter MAK-, was unter BAT-Wert?

12.25 Mit welchen einfachen Geräten lassen sich die MAK-Werte bestimmen?

12.26

a) Was versteht man unter „akuter Toxizität"?
b) Welche Maßzahl dient zur Angabe der akuten Toxizität?

12.27 Welche Eigenschaft von Chemikalien wird durch den sogenannten Ames-Test überprüft?

12.28 Was versteht man unter endokrin aktiven Substanzen? Nennen Sie eine Stoffklasse als Beispiel!

12.29 Welche prinzipiellen Wirkungen können durch Gifte entstehen?

12.30 Worauf beruht die Giftwirkung von Kohlenmonoxid?

12.31 In welcher Weise wirken Schwermetallgifte im Allgemeinen?

12.32 Was ist zu tun bei Verätzungen und beim Verschlucken von Säuren und Basen?

12.33 Was ist ein Lungenödem? Wodurch kann es entstehen und welche Maßnahmen sollte man dann ergreifen?

12.34 Was gibt es zu beachten, wenn jemand giftige organische Stoffe verschluckt hat?

12.35

a) Was versteht man unter „Ökotoxikologie"?
b) Welche drei Eigenschaften von Chemikalien sind in der Ökotoxikologie wichtig?

12.36 Was ist DDT und warum ist der Einsatz dieses Stoffes in Europa verboten?

12.37 Wozu dient der Leuchtbakterientest in der Ökotoxikologie?

12.38 Was versteht man unter dem BCF-Wert?

12.39 Welche ökotoxikologische Eigenschaft von Chemikalien wird durch den P_{OW}-Wert angegeben?

12.40 Ordnen Sie die folgenden Stoffe nach steigenden P_{OW}-Werten und begründen Sie ihre Entscheidung: Toluol, Anilin, Ethanol, Ethylenglykol!

13
Umwelttechnik

13.1 Was versteht man unter einem Ökosystem?

13.2 Was versteht man unter *aerobem* bzw. unter *anaerobem* Abbau einer organischen Substanz? Welches sind in beiden Fällen die Hauptabbauprodukte?

13.3 Welche Oxidationsstufen durchläuft der Stickstoff im globalen Stickstoffkreislauf?

13.4

a) Was bedeutet Eutrophierung und welche Auswirkung hat diese auf die Gewässer?
b) Welche Stoffe tragen zur Eutrophierung bei?

13.5 Was bedeuten die Summenparameter CSB und TOC? Welches sind jeweils die Vor- und Nachteile bei der Abwasseranalyse?

13.6 Ein Abwasser enthält 1,5 g/l Propanol ($CH_3CH_2CH_2OH$). Bei der vollständigen oxidativen Zersetzung dieser Substanz findet folgende Reaktion statt:

$$2C_3H_7OH + 9O_2 \rightarrow 6CO_2 + 8H_2O$$

a) Wie groß ist der CSB-Wert (mg/l) dieses Abwassers?
b) Wie groß ist der TOC-Wert (mg/l)?
c) Welche Aussage können Sie über den BSB_5-Wert machen?

13.7

a) Berechnen Sie den CSB- und TOC-Gehalt von Bier mit einem Alkoholgehalt von 5 Vol% unter der Annahme, dass nur der Alkohol zum CSB bzw. TOC beiträgt!

Chemie für Ingenieure – Aufgaben und Lösungen, 1. Auflage. Jan Hoinkis.

b) Wie lange würde es theoretisch dauern, um Alkohol im Körper vollständig oxidativ abzubauen, wenn das Atemvolumen 8 l/min Luft beträgt (Sauerstoffanteil in Luft: beim Einatmen 21 Vol% O_2, beim Ausatmen 16 Vol% O_2)?

13.8

a) Welche Information gibt Ihnen das BSB_5-CSB-Verhältnis?
b) Wie verändert sich das Verhältnis BSB_5/CSB im Zulauf, im Vergleich zum Ablauf in einer Kläranlage? Warum?

13.9 Beschreiben Sie die wichtigsten Verfahrensschritte eines kommunalen Klärwerks!

13.10 Welche Funktion hat der Faulturm einer Kläranlage? Welche Stoffe entstehen im Faulturm aus stickstoff- bzw. schwefelhaltigen organischen Verbindungen?

13.11 Ein Abwasserstrom (9000 m^3/d) wird durch eine biologische Reinigung behandelt. Der BSB_5-Wert und die NH_4^+-Konzentration im Zulauf betragen 200 mg/l bzw. 25 mg/l. Der BSB_5-Wert und die NH_4^+-Konzentration im Ablauf liegen im Mittel bei 3 bzw. 1 mg/l.
Berechnen Sie den theoretisch notwendigen Normvolumenstrom pro Stunde an Luft, der mindestens nötig ist, um den Prozess durchzuführen (Annahmen: Der BSB_5 berücksichtigt nur den C-Abbau, nicht den NH_4^+-Abbau. Für den Ammoniumabbau soll folgende Gleichung gelten: $NH_4^+ + 2O_2 \rightarrow NO_3^- + H_2O + 2H^+$).

13.12 Ein Abwasserstrom enthält 1,4 g/l Essigsäure (CH_3COOH) und soll in einer biologischen Reinigungsanlage (Belebtschlamm) behandelt werden. Schätzen Sie den BSB_5-Wert des Abwassers ab!

13.13 Ein nitrathaltiges industrielles Abwasser soll durch biologische Denitrifizierung gereinigt werden. Hierzu wird dem Abwasser Methanol zugesetzt, wobei folgende Reaktion abläuft:

$$10CH_3OH + 12NO_3^- \rightarrow 6N_2 + 12OH^- + 14H_2O + 10CO_2$$

Wie viel g Methanol müssen pro m^3 mindestens zugesetzt werden, wenn der Nitratgehalt 170 mg/m^3 beträgt?

13.14 Ein industrielles Abwasser besteht hauptsächlich aus 70 g/l CH_2O und soll behandelt werden. Es wird vorgeschlagen, das Abwasser durch anaerobe biologische Behandlung zu reinigen und das entstehende Methangas zur Energieerzeugung zu nutzen:

$$2CH_2O \rightarrow CO_2 + CH_4$$

Welche Energiemenge kann pro m^3 Abwasser erzeugt werden, unter der Annahme, dass die Verbrennungsenthalpie von Methan $\Delta H° = -802{,}3\,\mathrm{kJ/mol}$ beträgt? Formulieren Sie dazu zunächst die Reaktionsgleichung der Verbrennung.
Wie viel Norm-m^3 CO_2 werden insgesamt freigesetzt (für beide Reaktionen)?

13.15 Eine Membran mit einer Wasserpermeabilität von $A = 5 \cdot 10^{-4}\,\mathrm{m/(h\,bar)}$ wird in einem Laborversuch auf den Rückhalt von Salzen untersucht. Hierbei weist sie bezüglich

a) NaCl einen Rückhalt von 95 % und bezüglich
b) Na_2SO_4 von 99,8 % bei einer Zulaufkonzentration von 10 g/l, einem Druck von 40 bar und einer Temperatur von 20 °C auf (*Annahme:* Permeatausbeute ist vernachlässigbar klein).

Berechnen Sie die Parameter B für die Salzpermeabilitäten und diskutieren Sie das Ergebnis!

13.16 Bei einem Membranhersteller findet man für eine Umkehrosmosemembran zur Meerwasserentsalzung folgende Angaben für die Testbedingungen:

Membranfläche:	$A_M = 0{,}7\,\mathrm{m}^2$,
Temperatur:	$T = 25\,°\mathrm{C}$,
Salzgehalt:	$c_{NaCl} = 32\,\mathrm{g/l}$,
Permeatausbeute:	2 %,
(Verhältnis Permeatfluss zu Zulauffluss)	
Permeatfluss:	$V = 0{,}6\,\mathrm{m^3/d}$ bei 55 bar,
Salzrückhalt:	$R = 99{,}4\,\%$.

Berechnen Sie die Membranparameter a) A und b) B!

13.17 Ein Automobilhersteller bietet eine sogenannte Bi-Fuel-Variante mit 103 kW für den Betrieb im Benzin- und im Erdgasmodus. Der Verbrauch im Benzinmodus wird mit 8,8 l/100 km, der Verbrauch im Erdgasmodus wird mit 6,8 kg/100 km angegeben.
Berechnen Sie die CO_2-Emission pro km im

a) Benzin- und im
b) Erdgasmodus und vergleichen Sie die Werte!

(Benzin, ein Gemisch aus vielen Kohlenwasserstoffen bestehe nur aus Oktan (C_8H_{18}); Erdgas bestehe nur aus Methan (CH_4); die Verbrennung soll ohne Nebenreaktionen zu 100 % ablaufen, Dichte von Oktan $\rho = 0{,}7$ kg/l.)

13.18

a) Aus welchem Grund muss Ammoniumstickstoff im Klärwerk aus dem Abwasser entfernt werden?
b) Beschreiben Sie das Verfahren, nach dem dieser üblicherweise entfernt wird!

13.19 Welche prinzipiellen Möglichkeiten der Klärschlammbehandlung und Entsorgung werden üblicherweise angewendet?

13.20 Was versteht man unter einem Biohochreaktor? Welche Vorteile bietet er gegenüber dem üblichen Belebungsbecken?

13.21 Ein Abwasser aus der Lebensmittelindustrie soll gereinigt werden. Hierzu wurden zunächst der BSB_5- (= 6000 mg/l) und der CSB-Wert (10 000 mg/l) bestimmt. Schlagen Sie ein mögliches Reinigungsverfahren vor (Begründung!) und beschreiben Sie dieses (unter Beachtung der Abfallströme)!

13.22 Welche Vorteile bietet die Kombination von Belebtschlammbiologie und Membrantrenntechnik? Welche Membranen werden hierbei üblicherweise eingesetzt?

13.23 In einer Kläranlage werden Phosphationen durch Zugabe von Eisenionen als schwer lösliches Eisen(III)-phosphat gefällt. Berechnen Sie die Konzentration der Phosphationen (mg/l) nach der Fällung unter der Annahme stöchiometrischer Bedingungen (Löslichkeitsprodukt $L_{FePO_4} = 3{,}8 \cdot 10^{38}\ \text{mol}^2/\text{l}^2$, siehe Anhang im Lehrbuch)!

13.24 Phosphat kann aus Abwasser durch Zugabe von NH_4^+ und Mg^{2+} als sogenanntes Struvit ($MgNH_4PO_4$) ausgefällt werden. Berechnen Sie, ob unter stöchiometrischen Bedingungen der Abwassergrenzwert von Phosphat (2 mg/l P = 6,1 mg/l PO_4^{3-}) eingehalten werden kann (Löslichkeitsprodukt bei 25 °C: $2{,}5 \cdot 10^{-13}\ \text{mol}^3/\text{l}^3$). Warum ist bei der Fällung der pH-Wert zu beachten (Gleichung)?

13.25 Zur Reinigung von hoch belasteten Abwässern in Kläranlagen der Industrie gibt es Verfahrensvarianten, bei denen dem Belebtschlamm Aktivkohle zugesetzt wird. Was wird damit bewirkt? Welche Nachteile hat dieses Verfahren?

13.26 Vergleichen Sie die aerobe und die anaerobe Abwasserreinigung und nennen Sie Vor- und Nachteile!

13.27

a) Beschreiben Sie das physikalische Prinzip und die Verfahrenstechnik von Aktivkohleadsorbern.
b) Welche Art von Schadstoffen kann damit entfernt werden?
c) Ordnen Sie folgende Substanzen nach steigender Fähigkeit zur Adsorption an Aktivkohle:

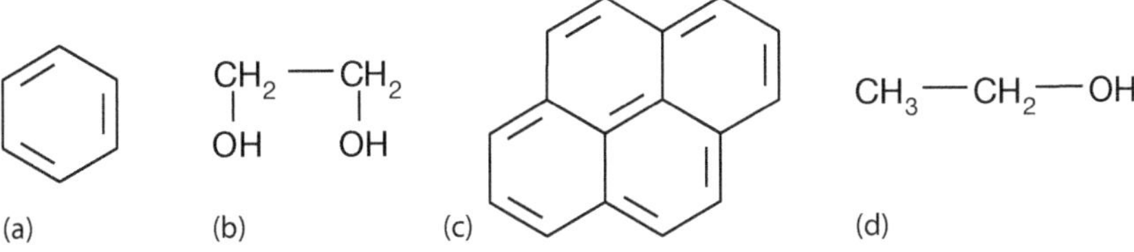

13.28 In einem Betrieb fällt ein Abwasser an, welches Tetrachlorethen (CCl_2=CCl_2) enthält.

a) Mit welchem Summenparameter würden Sie den Gehalt an dieser Substanz bestimmen und wie wird dieser Summenparameter experimentell ermittelt?
b) Schlagen Sie ein mögliches Reinigungsverfahren für dieses Abwasser vor und beschreiben Sie dieses!

13.29 Beschreiben Sie ein Verfahren zur oxidativen Abwasserreinigung! Welche Problemstoffe lassen sich hierdurch entfernen?

13.30

a) Beschreiben Sie das Prinzip von Ionenaustauschern!
b) Welche Schadstoffe können hiermit aus Abwässern entfernt werden?

13.31 In einem Galvanisierbetrieb fällt ein Chromat (CrO_4^{2-})-haltiges Abwasser an, welches in die kommunale Kläranlage eingeleitet werden soll.

a) Warum muss das Chromat aus dem Abwasser entfernt werden?
b) Nennen und beschreiben Sie zwei mögliche Verfahren zur Entfernung dieses Inhaltsstoffs, sodass das Abwasser kanalisiert werden darf.

13.32 Erläutern Sie das sogenannte Lösungs-Diffusions-Modell, welches in der Membrantechnik verwendet wird

a) Welche Modellvorstellung wird zur Ableitung benutzt?
b) Welche Ergebnisse bringt das Modell hervor?
c) In welchen Gebieten der Membrantechnik wird es verwendet?

13.33 Was versteht man unter „Querstromfiltration"? Nennen Sie ein Verfahren zur Abwasserreinigung, bei welchem dieses Prinzip angewendet wird!

13.34 In einer Umkehrosmose-Laboranlage soll eine NaCl-Lösung mit 15 g/l bei 30 bar und 25 °C getestet werden. Berechnen Sie den theoretisch zu erwartenden

a) anfänglichen flächenbezogenen Wasserfluss (Wasserflux) und
b) den Salzrückhalt (Parameter $A = 7{,}8 \cdot 10^{-7}\,\mathrm{m/(s\,bar)}$, Parameter $B = 21 \cdot 10^{-8}\,\mathrm{m/s}$).

13.35 Ein kontaminiertes Grundwasser enthält 1,2-Benzpyren ($C_{20}H_{12}$), welches für sein kanzerogenes Potenzial bekannt ist. Aus diesem Grund wird ein zweistufiges Verfahren zur Reinigung, bestehend aus 1) Nanofiltration und 2) Ozonisierung, vorgeschlagen:

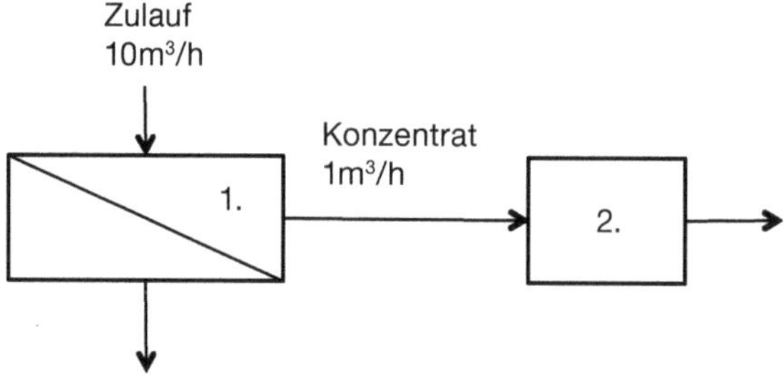

Welcher Normvolumenstrom an Ozon wird mindestens benötigt, um den Schadstoff vollständig zu oxidieren, wenn die Konzentration an 1,2-Benzpyren im Zulauf 10 mg/l beträgt (*Annahme:* 100 % Rückhalt an der Nanofiltrationsmembran)? Reaktionsgleichung:

$$3C_{20}H_{12} + 46O_3 \rightarrow 60CO_2 + 18H_2O$$

13.36 Alkalische Abwässer müssen in einer biologischen Abwasserreinigungsanlage neutralisiert werden. Hierzu wird der Einsatz von CO_2-haltigem Rauchgas vorgeschlagen.

a) Nennen Sie die Vorteile dieses Verfahrens gegenüber der Neutralisation mit Mineralsäuren (z. B. Salzsäure).
b) Bei einem Textilveredler fällt täglich eine Abwassermenge von 450 m^3 mit einer NaOH-Konzentration von 5 kg/m^3 an.
   Welches Rauchgasvolumen (Norm-m^3) mit 10 Vol% CO_2 wird täglich mindestens zur Neutralisation benötigt?

13.37 Welches sind in Deutschland die Hauptverursacher für die Entstehung von flüchtigen organischen Verbindungen? Welche Hauptgefahren treten bei diesen Gasen jeweils in der Atmosphäre auf und zu welcher Jahreszeit ist die Wirkung am gefährlichsten?

13.38 Bei einem Fabrikationsprozess wird mit dem Lösungsmittel Methanol unter dem Schutzgas Stickstoff gearbeitet. Hierbei fällt ein methanolhaltiger Abgasstrom von 5000 m^3/h an, welcher nach dem Zudosieren von Luft durch thermische Nachverbrennung gereinigt werden soll.

a) Ergänzen Sie die Verbrennungsgleichung für Methanol $CH_3OH + O_2 \rightarrow \ldots$!
b) Wie groß muss der zudosierte Luftstrom in (m^3/h) mindestens sein, wenn die Methanolbeladung des Abgases 10 g/m^3 beträgt (*Annahme*: vollständige Verbrennung)?
c) Welcher Schadstoff entsteht bei der Verbrennung durch eine Nebenreaktion? Welchen Vorteil hätte hierbei eine *katalytische* Verbrennung?

13.39 Welche Schadstoffe im Abgas von Automobilen werden durch den sogenannten Drei-Wege-Katalysator entfernt und welche Stoffe entstehen jeweils nach der Reaktion? Wozu wird die sogenannte Lambda-Sonde gebraucht?

13.40

a) Aus welchem Grund darf Schwefeldioxid nicht in die Umwelt gelangen und muss deshalb aus Rauchgasen entfernt werden?
b) Beschreiben Sie das Verfahren, mit dem heute üblicherweise Schwefeldioxid aus Rauchgasen entfernt wird!

13.41 Das in einem Kohleheizkraftwerk anfallende Rauchgas (pro Stunde 1,8 Mio. m^3) soll durch das sogenannte SCR-Verfahren weitgehend von Stickstoffoxiden befreit werden. Wie viele Tonnen Ammoniak werden hierbei pro Stunde benötigt (Vereinfachung: NO_x bestehe zu 100 % aus NO), wenn der NO_x-Gehalt im Rohgas von 900 mg/m^3 auf 200 mg/m^3 im Reingas gemindert werden soll?

$$4NO + 4NH_3 + O_2 \rightarrow 4N_2\uparrow + 6H_2O$$

13.42

a) Nennen Sie drei verfahrenstechnische Möglichkeiten zur Abscheidung fester Stoffe bei der Abluftreinigung!
b) Welches Verfahren ist heute im Bereich der Entstaubung von Rauchgasen in Kraftwerken gebräuchlich und wie funktioniert es?

13.43 Welche Prioritäten gelten beim Recycling?

13.44 Nennen Sie die drei gebräuchlichsten Verfahren zur Entsorgung von Hausmüll und stellen Sie jeweils die Vor- und Nachteile zusammen!

13.45 Was versteht man unter produktionsintegriertem Umweltschutz? Welche Prioritäten gelten hierbei?

13.46 Was versteht man unter einer Ökobilanz? Wie ist das Ablaufschema einer produktbezogenen Ökobilanz?

Antworten

A.1
Antworten zu *Atomaufbau und Periodensystem*

Lösung 1.1 Die Chemie befasst sich mit dem Aufbau, den Eigenschaften und Umsetzungen der Stoffe.

Lösung 1.2 Stoffe sind einheitlich aufgebaute Materiearten mit gleichbleibenden charakteristischen Eigenschaften, unabhängig von der äußeren Form.

Lösung 1.3 Homogene Stoffe sind einheitlich aufgebaut; sie bestehen nur aus einer einzigen Phase.

Lösung 1.4 Heterogene Stoffe bestehen aus mehreren Phasen.

Lösung 1.5 Phasen enthalten in sich einheitlich aufgebaute Materie, die durch scharfe Trennungsflächen von anderen Materiearten abgegrenzt sind. Darum sind diese optisch unterscheidbar und oftmals auch mechanisch trennbar.

Lösung 1.6 Substanzen sind Stoffe mit einheitlicher Zusammensetzung.

Lösung 1.7 Bei chemischen Reaktionen werden Stoffe umgewandelt; sie sind mit der Änderung von Stoffeigenschaften verbunden.

Lösung 1.8 Dies sind Veränderungen in der Elektronenhülle.

Lösung 1.9

a) Atomdurchmesser: 10^{-10} m;
b) Atomkerndurchmesser: 10^{-14} m.

Chemie für Ingenieure – Aufgaben und Lösungen, 1. Auflage. Jan Hoinkis.

Lösung 1.10

a) Die Atomhülle enthält Elektronen (elektrisch negativ geladen).
b) Der Atomkern enthält Nukleonen, und zwar Protonen (elektrisch positiv geladen) und Neutronen (elektrisch nicht geladen).

Lösung 1.11 Chemische Elemente sind Stoffe, die nur aus einer einzigen Atomart mit jeweils gleicher Protonenzahl bestehen. Sie werden durch chemische Symbole (vgl. Frage 1.12) gekennzeichnet.

Lösung 1.12 H, C, N, O, S, Cl, Na, K, Ca, Fe, Ag, Hg.

Lösung 1.13 Die Massenzahl gibt die Anzahl der Nukleonen (Protonen und Neutronen) im Kern an; Kennzeichnung z. B.: ^{238}U oder U 238.

Lösung 1.14 Die Ordnungszahl gibt die Anzahl der Protonen im Kern an; Kennzeichnung z. B.: $_{92}U$; sie wird indirekt durch das Elementsymbol angezeigt und deshalb meistens nicht geschrieben.

Lösung 1.15 Isotope haben gleiche Protonenzahl, aber unterschiedliche Neutronenzahl.

Lösung 1.16 U 235 hat 143 Neutronen, U 238 hat 146 Neutronen.

Lösung 1.17 Es gibt drei Isotope des Wasserstoffs:

a) normaler Wasserstoff ^{1}H oder H 1;
b) Deuterium D, ^{2}H oder H 2;
c) Tritium T, ^{3}H oder H 3.

Lösung 1.18 Die Atome einer Nuklidart müssen in Protonenzahl und Neutronenzahl übereinstimmen.

Lösung 1.19 Die erste Elektronenschale (K-Schale) kann maximal zwei Elektronen besitzen.

Lösung 1.20 Ab der zweiten Elektronenschale kann die jeweils äußerste Elektronenschale maximal acht Elektronen enthalten („Oktettregel“).

Lösung 1.21 Dies ist das Bohr'sche Atommodell.

Lösung 1.22 Die Heisenberg'sche Unschärferelation besagt, dass für ein Elektron Ort und Impuls nicht gleichzeitig genau bestimmt werden können, sondern sie sind nur mit einer gewissen Unschärfe zu erfassen, welche in der Größenordnung des Planck'schen Wirkungsquantums h liegt.

Lösung 1.23 Die Schrödinger-Gleichung ist eine mathematische Beschreibung der Wellenfunktion ψ eines Elektrons und verknüpft diese mit der Energie und den Raumkoordinaten des Elektrons.

Lösung 1.24 Dies ist der Dualismus Welle-Korpuskel. Dies bedeutet, dass Elektronen als quantenmechanische Objekte (wie auch Photonen), je nach Experiment entweder die Eigenschaft von Wellen oder von Teilchen besitzen.

Lösung 1.25 Die Hauptquantenzahl n bezeichnet im Bohr'schen Atommodell die Elektronenschale.

Lösung 1.26 Bezeichnung der Elektronenschalen: 1. Schale = K-Schale; 2. = L-Schale; 3. = M-Schale; 4. = N-Schale.

Lösung 1.27 Die Nebenquantenzahl l gibt die Bahnform an (Orbitalart).

Lösung 1.28 Gestalt der Orbitale: s-Orbitale = kugelförmig; p = hantelförmig; d = rosettenförmig; f = rosettenförmig.

Lösung 1.29
Sauerstoff: $1s^2, 2s^2, 2p^4$
Calcium: $1s^2, 2s^2, 2p^6, 3s^2, 3p^6, 4s^2$
Kupfer: $1s^2, 2s^2, 2p^6, 3s^2, 3p^6, 3d^{10}, 4s^1$
Brom: $1s^2, 2s^2, 2p^6, 3s^2, 3p^6, 3d^{10}, 4s^2, 4p^5$

Lösung 1.30 Die vier Quantenzahlen sind: Hauptquantenzahl n; Nebenquantenzahl l; Richtungsquantenzahl (oder magnetische Quantenzahl) m; Spinquantenzahl s.

Lösung 1.31 Das Pauli-Prinzip besagt, dass alle Elektronen in einem Atom sich mindestens durch eine Quantenzahl (n, l, m, s) voneinander unterscheiden (Abschn. 1.3.2.4 im Lehrbuch).

Lösung 1.32 Die Hund'sche Regel besagt, dass energetisch gleichwertige Orbitale in einem Atom zunächst einfach mit Elektronen besetzt werden. Erst dann werden diese mit einem zweiten Elektron aufgefüllt (Abschn. 1.3.2.4 im Lehrbuch).

Lösung 1.33 Die Edelgaskonfiguration steht für eine Elektronenanordnung wie die eines Edelgases (bei Helium insgesamt zwei Elektronen, ansonsten acht Elektronen in der äußersten Schale). Sie ist besonders stabil und Atome und Ionen mit dieser Konfiguration haben eine geringe Neigung, Elektronen aufzunehmen oder abzugeben.

Lösung 1.34 Waagerechte Zeilen = Perioden; senkrechte Spalten = Gruppen.

Lösung 1.35 Die Metalle stehen im Periodensystem links, Nichtmetalle rechts oben. Die Grenze zwischen Metallen und Nichtmetallen verläuft etwa vom Bor (B) zum Tellur (Te).

Lösung 1.36 Hauptgruppenelemente unterscheiden sich durch s- oder p-Elektronen voneinander, Nebengruppenelemente durch d-Elektronen und Lanthanoide (die auf das Lanthan folgenden 14 Elemente) sowie Actinoide (die auf das Actinium folgenden 14 Elemente) durch f-Elektronen. Die inneren Übergangselemente sind die Lanthanoide und Actinoide, die äußeren die Nebengruppenelemente.

Lösung 1.37 1. Hauptgruppe = Alkalimetalle; 2. Hauptgruppe = Erdalkalimetalle; 6. Hauptgruppe = Chalkogene; 7. Hauptgruppe = Halogene; 8. Hauptgruppe = Edelgase.

Lösung 1.38 Ionen bilden sich, wenn Atome Elektronen aufnehmen oder abgeben, und tragen daher eine Ladung; Kationen sind positiv, Anionen negativ elektrisch geladen.

Lösung 1.39 Elektronegativität ist eine Maßzahl für die Anziehungskraft, die ein neutrales Atom in einer chemischen Bindung auf Elektronen ausübt.

Lösung 1.40

Im Periodensystem nimmt	von links nach rechts	von oben nach unten
die Ionisierungsenergie	zu	ab
die Elektronegativität	zu	ab
der Atom- bzw. Ionendurchmesser	ab	zu
der metallische Charakter	ab	zu

In den Perioden bewirkt die Zunahme der Kernladungszahl, dass die Elektronen „fester" an den Kern gebunden werden und führt deshalb zu größeren Ionisierungsenergien, Elektronegativitäten sowie kleineren Atom- und Ionendurchmessern und geringerem metallischen Charakter.
In den Gruppen führt die Zunahme der Elektronenschalen dazu, dass die Elektronen weniger „fest" an die Kerne gebunden werden (Abschirmungseffekt). Dies führt zu kleineren Ionisierungsenergien, Elektronegativitäten sowie größeren Atom- und Ionenradien und höherem metallischen Charakter.

A.2
Antworten zu *Die chemische Bindung*

Lösung 2.1 Chemische Bindungen:

1. Atombindung (kovalente Bindung),
2. Ionenbindung,
3. metallische Bindung.

Zwischenmolekulare Wechselwirkungen:

1. Ion-Dipol-Wechselwirkung und Dipol-Dipol-Wechselwirkung,
2. Van-der-Waals-Kräfte,
3. Wasserstoffbrücken.

Lösung 2.2 Moleküle sind die kleinsten, durch kovalente Bindungen zusammengeschlossenen Einheiten aus mehreren Atomen.

Lösung 2.3 Ein Punkt bedeutet ein ungepaartes Elektron; ein Strich steht für ein Elektronenpaar.

Lösung 2.4 Die Zahl vor einer chemischen Formel gibt die Anzahl gleichartiger Reaktionspartner an; die Zahl unten rechts am Elementsymbol steht für die Anzahl der in einem Molekül vorhandenen gleichartigen Atome.

Lösung 2.5 Die σ-Bindung ergibt sich durch Überlagerung von zwei Atomorbitalen zu einem Molekülorbital in der direkten Verbindungslinie zwischen zwei Atomen; σ-Bindungen sind möglich zwischen folgenden Orbitalen: $s + s$; $s + p$; $p + p$. σ-Bindungen sind auch mit d-Elektronen möglich.

Lösung 2.6 Senkrecht zu einer bestehenden σ-Bindung ausgerichtete p-Orbitale zweier Atome überlappen sich zusätzlich zu einer π-Bindung, welche schwächer als die σ-Bindung ist.

Lösung 2.7 Chemische Verbindungen sind homogene, reine Stoffe, in denen zwei oder mehrere chemische Elemente miteinander in einer chemischen Bindung verknüpft sind.

Lösung 2.8 Doppelbindungen bestehen aus einer σ-Bindung und einer π-Bindung; Dreifachbindungen sind aus einer σ-Bindung und zwei π-Bindungen aufgebaut.

Lösung 2.9 Sie entsteht durch Elektronenübergänge zwischen den Atomen zweier chemischer Elemente. Die Elektronen abgebenden Atome werden zu Kationen (positiv geladen), die Atome des anderen chemischen Elements (mit größerer Elektronegativität) durch Elektronenaufnahme zu negativ geladenen

Anionen. Kationen und Anionen werden in Kristallgittern aneinander gebunden (z. B. Salze).

Lösung 2.10 Salze sind Ionenverbindungen, die in Kristallgittern positiv geladene Kationen und negativ geladene Anionen enthalten; dabei muss mindestens eine von H^+-Ionen verschiedene Kationenart und eine von OH^-- oder O^{2-}-Ionen verschiedene Anionenart vorhanden sein.

Lösung 2.11 Bei Kristallhydraten sind zusätzlich Wassermoleküle in das Ionengitter eingelagert (sog. Kristallwasser).

Lösung 2.12 Alkalimetallionen = +1; Erdalkalimetallionen = +2; Halogenidionen = −1.

Lösung 2.13 Bei der Metallbindung hält das „Elektronengas" die positiv geladenen Metallionen im Metallgitter zusammen und ist über das Metallgitter leicht verschiebbar (elektrische Leitfähigkeit).

Lösung 2.14 Bei der Lösung ist zunächst zu berücksichtigen, ob es sich um ein Metall handelt; metallische Elemente sind auf der linken Seite des Periodensystems zu finden (Abschn. 1.4.2.5). Bei chemischen Verbindungen muss der Unterschied in der Elektronegativität (ΔEN) der jeweiligen Elemente berechnet werden. Falls $\Delta EN \geq 2{,}0$, handelt es sich um eine Ionenbindung. Falls der Unterschied in der EN kleiner ist, liegt eine polare Atombindung vor; falls $\Delta EN = 0$, ist die Bindung unpolar. Somit ergibt sich (Abb. 1.8): KCl: Ionenbindung ($\Delta EN = 2{,}2$); Ti: Metallbindung; HCl: polare Atombindung ($\Delta EN = 0{,}9$); N_2: unpolare Atombindung ($\Delta EN = 0$); H_2O: polare Atombindung ($\Delta EN = 1{,}4$); Ba: Metallbindung; $CaCl_2$: Ionenbindung ($\Delta EN = 2{,}0$); CO: polare Atombindung ($\Delta EN = 1{,}0$); Cl_2: unpolare Atombindung ($\Delta EN = 0$); MgO: Ionenbindung ($\Delta EN = 2{,}3$).

Lösung 2.15 Bei zweiatomigen Molekülen entsteht ein Dipolmolekül, wenn zwei Atome mit unterschiedlicher Elektronegativität kovalent miteinander verbunden sind. Beispiel und Kennzeichnung des Dipolcharakters:

$\delta+$ $\delta-$
H – Cl

Bei *mehratomigen* Molekülen entsteht ein Dipolmolekül, wenn *Atome* mit unterschiedlicher Elektronegativität miteinander verbunden sind und wenn die Ladungsverschiebung aufgrund des Elektronegativitätsunterschieds nicht durch die Molekülsymmetrie aufgehoben wird. Beispiele:

$\delta-$ $\delta+$ $\delta-$
O=C=O

$\delta-$
O
/ \
H H
$\delta+$ $\delta+$

Lösung 2.16

a) Wechselwirkung zwischen Ion und Dipolmolekül, Na^+ und H_2O;
b) Wechselwirkung zwischen Dipolmolekülen, HCl-Moleküle;
c) Wechselwirkung zwischen unpolaren Molekülen, Cl_2-Moleküle;
d) Wechselwirkung zwischen einem stark positiv polarisierten H und einem stark elektronegativen Atom eines benachbarten Moleküls (O, N, oder F), H_2O-Moleküle.

Lösung 2.17

a) Ionenbindung, da Elektronegativitätsdifferenz (ΔEN = 2,0);
b) schwach polare Atombindung (ΔEN = 0,4);
c) unpolare Atombindung (ΔEN = 0);
d) polare Atombindung (ΔEN = 0,9);
e) unpolare Atombindung (ΔEN = 0);
f) polare Atombindung (ΔEN = 1,2).

Lösung 2.18 Zunehmende Polarität: C–N < C–O < C–F; Begründung: steigende EN-Differenz zwischen den Atomen. Die negative Partialladung tragen jeweils die Atome N, O bzw. F.

Lösung 2.19 Dies sind: a) N–H; b) C–O; c) N–O; d) S–F; Begründung: jeweils höhere EN-Differenz zwischen den Atomen.

Lösung 2.20 CS_2 ist *unpolar*, da unpolare Bindungen (ΔEN = 0) vorliegen; CF_4 ist *unpolar*; es liegen polare Bindungen (ΔEN = 1,5) vor, aber da das Molekül tetraedrische Struktur hat, heben sich die Ladungsverschiebungen aufgrund der Symmetrie auf; H_2S ist *polar*, da polare Bindungen auftreten (ΔEN = 0,4) sowie eine gewinkelte Molekülstruktur; die Ladungsverschiebungen werden durch die Symmetrie nicht aufgehoben; PH_3 ist *unpolar*, da unpolare Bindungen vorliegen (ΔEN = 0); SCO ist *polar*, da die C–O-Bindung polar ist (ΔEN = 1,0).

Lösung 2.21 Bei Cl_2 liegen nur Van-der-Waals-Wechselwirkungen vor, da die Bindung unpolar ist.
Bei HF treten Wasserstoffbrücken auf, da ein stark positiv polarisiertes H- und stark elektronegatives F-Atom wechselwirken. Es sind auch Van-der-Waals-Wechselwirkungen vorhanden, welche aber im Vergleich zu den Wasserstoffbrücken vernachlässigbar sind.
Bei C_6H_6 liegen nur Van-der-Waals-Wechselwirkungen vor, da das Molekül – wie alle Kohlenwasserstoffe – nicht polar ist.
Bei SO_2 liegen Dipol-Dipol-Wechselwirkungen vor, da das Molekül polare Bindungen besitzt (ΔEN = 1,0) und gewinkelte Struktur hat. Zusätzlich treten Van-der-Waals-Wechselwirkungen auf.

Bei H_2Se treten Dipol-Dipol-Wechselwirkungen auf, da die Bindungen (schwach) polar sind ($\Delta EN = 0{,}3$) und das Molekül – wie H_2O – gewinkelte Struktur aufweist. Es wirken auch Van-der-Waals-Kräfte, die aufgrund der großen Zahl von polarisierbaren Elektronen die intermolekularen Wechselwirkungen dominieren.

Lösung 2.22

a) Bei beiden Edelgasatomen liegen nur Van-der-Waals-Wechselwirkungen vor; diese sind bei Xenon stärker (mehr polarisierbare Elektronen);
b) bei HF treten Wasserstoffbrücken auf, HCl und HBr besitzen nur „normale" Dipol-Dipol-Wechselwirkungen;
c) bei beiden unpolaren Molekülen sind nur Van-der-Waals-Wechselwirkungen vorhanden; bei I_2 besitzt mehr polarisierbare Elektronen;
d) alle drei Stoffe sind aufgrund der Tetraedersymmetrie unpolar; die Anzahl der polarisierbaren Elektronen nimmt in der Reihenfolge $CH_4 < CCl_4 < CBr_4$ zu, wodurch die Stärke der Van-der-Waals-Wechselwirkungen zunimmt und daher auch die Schmelz- und Siedepunkte.

Lösung 2.23 Wasserstoffbrücken treten bei H_2O und HF auf, da nur hier stark positiv polarisierte Wasserstoffatome und stark negativ polarisierte Atome (O bzw. F) vorliegen.

Lösung 2.24 Siedepunkte steigen in folgender Reihenfolge: He < O_2 < HCl < HF < NaF. Diese Reihenfolge kann mit der unterschiedlichen Stärke der intermolekularen Wechselwirkungen erklärt werden. Bei He und O_2 treten nur (schwache) Van-der-Waals-Wechselwirkungen auf. O_2 hat mehr polarisierbare Elektronen als He, deshalb sind hier die Van-der-Waals Wechselwirkungen stärker. Bei HCl sind Dipol-Dipol-Wechselwirkungen vorhanden; bei HF wechselwirken Wasserstoffbrücken und bei NaF liegt eine Ionenbindung vor ($\Delta EN = 3{,}1$).

Lösung 2.25 Aufgrund der stark zunehmenden Anzahl der polarisierbaren Elektronen werden die Van-der-Waals-Wechselwirkungen deutlich stärker und dominieren die intermolekularen Wechselwirkungen im Vergleich zu den Dipol-Dipol-Wechselwirkungen.

Lösung 2.26 Ethylenglykol besitzt zwei OH-Gruppen, während Ethanol nur eine OH-Gruppe hat. Es können sich daher zwei Wasserstoffbrücken ausbilden. Dadurch werden insgesamt die intermolekularen Wechselwirkungen von Ethylenglykol deutlich stärker und damit die Viskosität erhöht.

Lösung 2.27

a) H_2O hat die höhere Siedetemperatur, da eine starke Wasserstoffbrücken-Wechselwirkung auftritt. H_2S ist nur schwach polar (schwache Dipol-Dipol-Wechselwirkungen, $\Delta EN = 0{,}4$ und Van-der-Waals-Wechselwirkungen).

b) KCl hat die höhere Siedetemperatur, da hier Ionenverbindungen auftreten ($\Delta EN = 2{,}2$). CH_3Cl ist ein schwach polares Molekül ($\Delta EN(C{-}Cl) = 0{,}5$) und die intermolekularen Wechselwirkungen werden durch die Van-der-Waals-Kräfte dominiert.
c) C_2H_5OH hat die höhere Siedetemperatur, da sich Wasserstoffbrücken zwischen den OH-Gruppen ausbilden können; bei CH_3OCH_3 können sich keine Wasserstoffbrücken ausbilden.
d) Beides sind Kohlenwasserstoffe, bei denen nur Van-der-Waals-Wechselwirkungen auftreten. C_4H_{10} hat den höheren Siedepunkt, da aufgrund der größeren Zahl polarisierbarer Elektronen die Van-der-Waals-Kräfte größer sind.

Lösung 2.28 Bei KCl ist die Differenz der Elektronegativitäten > 2, deshalb liegt eine Ionenverbindung mit sehr hohem Schmelz- und Siedepunkt vor.
Bei PCl_3 ist die Differenz der Elektronegativitäten < 1 und es hat eine pyramidale Molekülstruktur. Es treten deshalb schwache Dipol-Dipol-Wechselwirkung sowie relativ starke Van-der-Waals-Wechselwirkung auf (aufgrund er großen Zahl polarisierbarer Elektronen).
Bei Cl_2 treten nur Van-der-Waals-Wechselwirkungen auf, welche schwächer als bei PCl_3 sind (weniger polarisierbare Elektronen).

Lösung 2.29

a) Beide Moleküle haben eine pyramidale Struktur und sind aufgrund der Unterschiede in der Elektronegativität der jeweiligen Atome polar. Bei NH_3 tritt jedoch Wasserstoffbrücken-Wechselwirkung auf, welche als besonders starke Dipol-Dipol-Wechselwirkung betrachtet werden kann.
b) Am Wassermolekül (H_2O) können sich zwei Wasserstoffbrücken bilden (jeweils am polaren H-Atom); bei Methanol CH_3OH kann sich an der OH-Gruppe nur eine Wasserstoffbrücke bilden. Bei der CH_3-Gruppe treten nur schwache Van-der-Waals-Wechselwirkungen auf.
c) Bei allen Molekülen liegen Van-der-Waals-Wechselwirkungen vor. Die Zahl der polarisierbaren Elektronen nimmt in folgender Reihenfolge zu: $I_2 > IBr > ICl$. Bei IBr und ICl treten zusätzlich noch schwache Dipol-Dipol-Wechselwirkungen auf.
d) Beide Moleküle haben aufgrund des Unterschieds in den Elektronegativitäten polare Bindungen ($\Delta EN(S{-}O) = 1{,}0$, $\Delta EN(C{-}O) = 1{,}0$). SO_2 ist im Gegensatz zu CO_2 ein gewinkeltes Molekül und besitzt damit ein Dipolmoment. Dies erklärt den höheren Siedepunkt und die Ablenkung im elektrischen Feld.

Lösung 2.30 Bei Propen und Propan treten nur schwache Van-der-Waals-Wechselwirkungen auf; Propen hat den niedrigeren Siedepunkt, da weniger polarisierbare Elektronen vorhanden sind. Bei 1-Propanol und 1-Butanol wirken neben den Van-der-Waals-Wechselwirkungen auch Wasserstoffbrücken-Wechselwirkungen über die OH-Gruppen; 1-Butanol hat aufgrund der größeren Anzahl

polarisierbarer Elektronen stärkere Van-der-Waals-Wechselwirkungen. Propantriol besitzt drei OH-Gruppen, welche Wasserstoffbrücken-Wechselwirkungen ausbilden können. Deshalb ist die Reihenfolge der Siedepunkte:
Propen C_3H_6 (−48 °C), Propan C_3H_8 (−42 °C), 1-Propanol C_3H_7OH (97 °C), Butanol C_4H_9OH (118 °C), Propantriol $C_3H_5(OH)_3$ (290 °C).

Lösung 2.31 Beim H_2O können an den polaren H-Atomen jeweils zwei H-Brücken auftreten, während beim HF nur ein polares H-Atom vorhanden ist, welches Wasserstoffbrücken ausbilden kann (siehe auch Aufgabe 2.29b). Durch die stärkeren zwischenmolekularen Kräfte ist der Schmelzpunkt beim H_2O höher.

Lösung 2.32 Das *Gesetz der konstanten Proportionen* besagt: Chemische Elemente verbinden sich immer in bestimmten, konstanten, genau definierten Gewichtsverhältnissen zu einer chemischen Verbindung.
Das *Gesetz der multiplen Proportionen* besagt: Bilden chemische Elemente mehrere verschiedenartige Verbindungen, so verhalten sich die Massen eines chemischen Elements, die sich mit einer gegebenen Masse des anderen Elements verbinden, zueinander im Verhältnis einfacher Zahlen.

Lösung 2.33 Beides sind dimensionslose Maßzahlen und beziehen sich auf 1/12 des Nuklids C 12. Dabei gibt die *relative Atommasse* an, wievielmal schwerer durchschnittlich (im natürlichen Isotopenverhältnis) ein Atom des betreffenden Elements ist, und die *relative Molekülmasse* wievielmal schwerer das Molekül eines chemischen Stoffes ist (es entspricht der Summe der relativen Atommassen in einem Molekül).

Lösung 2.34 Dies beruht auf zwei Effekten:

1. Die meisten Elemente bestehen aus Isotopengemischen mit unterschiedlichen Massenzahlen;
2. dem Einfluss des Massendefektes gemäß der Einstein'schen Beziehung $E = mc^2$ (Abschn. 2.6.2).

Lösung 2.35 Ein Mol ist diejenige Stoffmenge in Gramm, die durch die relative Atommasse, relative Molekülmasse oder relative Formelmasse angegeben ist.

Lösung 2.36 Die molare Masse berechnet sich aus den jeweiligen relativen Atommassen:

$$\begin{aligned} M(\mathrm{CH_4}) &= A_r(\mathrm{C}) + 4A_r(\mathrm{H}) = 12 + 4\,\mathrm{g/mol} = 16\,\mathrm{g/mol}; \\ M(\mathrm{SO_2}) &= A_r(\mathrm{S}) + 2A_r(\mathrm{O}) = 32{,}1 + 32\,\mathrm{g/mol} = 64{,}1\,\mathrm{g/mol}; \\ M(\mathrm{CaCl_2}) &= A_r(\mathrm{Ca}) + 2A_r(\mathrm{Cl}) = 40{,}1 + 71\,\mathrm{g/mol} = 111{,}1\,\mathrm{g/mol}; \\ M(\mathrm{CuSO_4}) &= A_r(\mathrm{Cu}) + A_r(\mathrm{S}) + 4A_r(\mathrm{O}) = 63{,}5 + 32{,}1 + 64\,\mathrm{g/mol} \\ &= 159{,}6\,\mathrm{g/mol}. \end{aligned}$$

Lösung 2.37 Die Avogadro-Konstante N_A beträgt etwa $6 \cdot 10^{23}$.

Lösung 2.38 Die Zahl der Atome berechnet sich nach der Formel $z = (m/M)N_A$. Ein Würfel mit 1 cm Kantenlänge besitzt eine Masse von $m = 8{,}92$ g. Die molare Masse von Kupfer beträgt 63,5 g/mol. Damit berechnet sich die Zahl der Atome: $z = (8{,}92/63{,}5)6 \cdot 10^{23} = 8{,}43 \cdot 10^{22}$.

A.3
Antworten zu *Die Aggregatzustände*

Lösung 3.1 Aus der Gleichung für ideale Gase ergibt sich die Stoffmenge in Mol:

$$n = \frac{p \cdot V}{R \cdot T}$$

Stoffmenge zu Beginn:

$$n_1 = \frac{25 \cdot 10^5 \, \frac{\mathrm{N}}{\mathrm{m}^2} \cdot 0{,}25\,\mathrm{m}^3}{8{,}3143 \, \frac{\mathrm{J}}{\mathrm{mol\,K}} \cdot 293\,\mathrm{K}} = 256{,}6\,\mathrm{mol}$$

Stoffmenge nach Entnahme:

$$n_2 = \frac{20 \cdot 10^5 \, \frac{\mathrm{N}}{\mathrm{m}^2} \cdot 0{,}25\,\mathrm{m}^3}{8{,}3143 \, \frac{\mathrm{J}}{\mathrm{mol\,K}} \cdot 288\,\mathrm{K}} = 208{,}8\,\mathrm{mol}$$

Differenz $\Delta n = n_2 - n_1 = 256{,}6 - 208{,}8\,\mathrm{mol} = 47{,}8\,\mathrm{mol}$.
Die Massendifferenz ergibt sich durch Multiplikation mit der molaren Masse von Stickstoff: $\Delta m = \Delta n \cdot M = 47{,}8\,\mathrm{mol} \cdot 28\,\mathrm{g/mol} = 1338{,}4\,\mathrm{g}$

Lösung 3.2 Moleküle mit schwachen zwischenmolekularen Wechselwirkungen (meist kleine und Moleküle mit geringer molarer Masse) sind gasförmig. Moleküle mit stärkeren zwischenmolekularen Wechselwirkungen sind flüssig. Moleküle mit sehr starken zwischenmolekularen Wechselwirkungen (meist große Moleküle mit großen molaren Massen) bilden feste Körper.

Lösung 3.3 Nach dem Modell des idealen Gases werden die Gasmoleküle als Massenpunkte ohne Eigenvolumen betrachtet. Außerdem werden die anziehenden zwischenmolekularen Kräfte vernachlässigt. Diese Annahme sind für Gase bei sehr kleiner Dichte und relativ hohen Temperaturen annähernd erfüllt.

Lösung 3.4 Das Druckverhältnis ergibt sich gemäß dem Gesetz von Gay-Lussac ($p \sim T$) aus dem Verhältnis der Kelvin-Temperaturen (siehe Lehrbuch Abschn. 3.1.1) $T_2/T_1 = 308/293 = 1{,}051$; damit $p_2 = p_1 \cdot 1{,}051 = 210{,}2$ bar.

Lösung 3.5 Nach der Gleichung für ideale Gase gilt $n = (p \cdot V)/(R \cdot T)$. Die Stoffmenge für jeden Hochdruckbehälter beträgt:

$$n = \frac{300 \cdot 10^5 \frac{\text{N}}{\text{m}^2} \cdot 0{,}15\,\text{m}^3}{8{,}3143 \frac{\text{J}}{\text{mol K}} \cdot 298\,\text{K}} = 1816\,\text{mol}$$

Mit $m = n \cdot M$ ergibt sich die Masse je Hochdruckbehälter:

$$m = 1816\,\text{mol} \cdot M(\text{H}_2) = 1816\,\text{mol} \cdot 2\,\text{g/mol} \rightarrow m = 3632\,\text{g} = 3{,}632\,\text{kg}$$

Bei sieben Hochdruckbehältern ergibt sich die gesamte Masse $m_{\text{ges}} = 7 \cdot m$, $m_{\text{ges}} = 25{,}42\,\text{kg}$.

Lösung 3.6 Zur Ermittlung der Tragfähigkeit muss man die Auftriebskraft des Ballons berechnen. Sie entspricht nach Archimedes der Gewichtskraft der verdrängten Luft. Deshalb muss die Gewichtskraft der verdrängten Luft berechnet werden; außerdem muss die Gewichtskraft des Ballons berücksichtigt werden: Auftriebskraft F_{A} = Gewichtskraft der kalten Luft F_{K} – Gewichtskraft der heißen Luft F_{H} – Gewichtskraft des Ballons F_{B}.
Die Gewichtskraft der kalten Luft und heißen Luft kann mit der Gleichung des idealen Gases berechnet werden (durchschnittliche Molmasse der Luft = 29 kg/kmol, siehe auch Aufgabe 3.17):

$$\begin{aligned} F_{\text{K}} &= m \cdot g = \frac{p \cdot V}{R \cdot T} \cdot M_{\text{L}} \cdot g \\ &= \frac{10^5 \frac{\text{N}}{\text{m}^2} \cdot 4250\,\text{m}^3}{8314 \frac{\text{J}}{\text{kmol K}} \cdot 293\,\text{K}} \cdot 29\,\frac{\text{kg}}{\text{kmol}} \cdot 9{,}81\,\frac{\text{N}}{\text{kg}} = 49\,634\,\text{N} \end{aligned}$$

$$\begin{aligned} F_{\text{H}} &= m \cdot g = \frac{p \cdot V}{R \cdot T} \cdot M_{\text{L}} \cdot g \\ &= \frac{10^5 \frac{\text{N}}{\text{m}^2} \cdot 4250\,\text{m}^3}{8314 \frac{\text{J}}{\text{kmol K}} \cdot 398\,\text{K}} \cdot 29\,\frac{\text{kg}}{\text{kmol}} \cdot 9{,}81\,\frac{\text{N}}{\text{kg}} = 36\,540\,\text{N} \end{aligned}$$

$$F_{\text{B}} = 288\,\text{kg} \cdot 9{,}81\,\frac{\text{N}}{\text{kg}} = 2825\,\text{N}$$

Auftriebskraft $F_{\text{A}} = 49\,634\,\text{N} - 36\,540\,\text{N} - 2825\,\text{N} = 10\,269\,\text{N}$.
Tragfähigkeit (Gewichtskraft) laut Angabe: $F_{\text{T}} = 912 \cdot 9{,}81\,\text{N/kg} = 8947\,\text{N}$. Dies bedeutet, dass beim Abheben die angegebene Tragfähigkeit im Vergleich mit der theoretischen Abschätzung der Auftriebskraft F_{A} auf der „sicheren“ Seite liegt.

Lösung 3.7 Bei gleichem Druck und gleicher Temperatur enthalten gleiche Volumina idealer Gase die gleiche Anzahl von Molekülen, unabhängig von der Art des Gases.

Lösung 3.8 Bei realen Gasen muss man die gegenseitigen Anziehungskräfte unter den Gasmolekülen und das Eigenvolumen der Gasmoleküle berücksichtigen.

Lösung 3.9 Als Joule-Thomson-Effekt bezeichnet man die Abkühlung eines realen Gases beim Entspannen auf einen niedrigeren Druck. Er ist eine Folge der gegenseitigen Anziehung der Gasmoleküle, da beim Entspannen der mittlere Molekülabstand vergrößert wird und Arbeit gegen die Anziehung geleistet werden muss. Dadurch wird die mittlere kinetische Energie der Gasmoleküle verringert, was zu einer Temperaturerniedrigung führt.

Lösung 3.10 Oberhalb der kritischen Temperatur lässt sich ein Gas durch keinen noch so hohen Druck verflüssigen. Der kritische Druck ist der Siededruck bei der kritischen Temperatur. Oberhalb der kritischen Temperatur und des kritischen Drucks können der gasförmige und flüssige Aggregatzustand nicht mehr unterschieden werden; man spricht dann von einem überkritischen Fluid.

Lösung 3.11 In Flüssigkeiten und Schmelzen besitzen die Bestandteile (Moleküle, Ionen) eine gewisse Translationsenergie und können sich durch Diffusion bewegen. In idealen (kristallinen) Feststoffen sind die Moleküle und Ionen auf festen Gitterplätzen fixiert und können nur Schwingungen ausführen.

Lösung 3.12 Anisotropie liegt vor, wenn ein Körper nicht in allen Richtungen gleiche Eigenschaften aufweist.

Lösung 3.13 Dies sind für das kubische Kristallsystem:

a) kubisch-primitiv,
b) kubisch-flächenzentriert,
c) kubisch-innenzentriert.

Lösung 3.14 Die Gitterenergie ist diejenige Energie, die aufgewendet werden muss, um die Ionen vollständig voneinander zu entfernen. Sie gibt die Stärke der Anziehungskräfte zwischen den Ionen oder Molekülen in Kristallgittern an und bestimmt die physikalischen Eigenschaften von kristallinen Stoffen, wie z. B. Schmelz- und Siedepunkt, thermischer Ausdehnungskoeffizient, Härte.

Lösung 3.15 Amorphe feste Stoffe haben keine geordnete Struktur und sind im inneren Aufbau den Flüssigkeiten vergleichbar. Sie besitzen jedoch keine Translationsenergie.

Lösung 3.16 Homogene Mischungen bilden nur eine einzige Phase, heterogene Mischungen jedoch bilden zwei oder mehrere Phasen.

Lösung 3.17 Zur Beantwortung dieser Frage berechnet man zunächst die molaren Massen. Diese sind für: H_2 = 2 g/mol; CH_4 = 16 g/mol; Cl_2 = 71 g/mol; CO_2 = 44 g/mol; C_3H_8 = 44 g/mol; C_4H_{10} = 58 g/mol. Unter der Annahme idealer Gas nehmen alle Gase bei gleicher Temperatur und gleichem Druck das gleiche Volumen ein (Molvolumen idealer Gas, Lehrbuch Abschn. 3.1.1). Dies bedeutet, dass die Gasdichte unter gleichen Bedingungen jeweils mit der molaren Masse steigt. Da Luft die mittlere molare Masse von ca. 29 g/mol hat (berechnet aus den prozentualen Anteilen an Stickstoff und Sauerstoff: $M_{\text{Luft}} = 0{,}79 \cdot 28\,\text{g/mol} + 0{,}21 \cdot 32\,\text{g/mol}$), steigen H_2 und CH_4 nach oben (geringere Gasdichte als Luft), deshalb ist die Raumentlüftung oben anzubringen. Die übrigen Gase bzw. Dämpfe sinken nach unten (größere Gasdichte als Luft) und müssen dort abgesaugt werden.

Lösung 3.18 Unter physikalischen Gemengen versteht man gewöhnlich die Mischung von zwei oder mehreren festen (oft pulverförmigen) Stoffen.

Lösung 3.19 Emulsionen sind milchig (trüb) aussehende, innige, zweiphasige Flüssigkeitsmischungen, wobei eine der beiden Flüssigkeiten in der anderen in Form von kleinen Tröpfchen eingebettet ist. Bei Suspensionen sind unlösliche Feststoffteilchen (mit Durchmessern größer als 10^{-7} m) in einer Flüssigkeit fein verteilt.

Lösung 3.20 Kolloide Lösungen oder Dispersionen enthalten unlösliche Feststoffteilchen von etwa zehn- bis tausendfachem Atomdurchmesser (10^{-9}–10^{-7} m), die in einer Flüssigkeit fein verteilt sind.

Lösung 3.21 Kolloide Lösungen kann man am sogenannten Tyndall-Effekt erkennen. Hierbei wird ein Lichtstrahl in der kolloiden Lösung durch die Partikel seitlich gestreut und dadurch als leuchtender Strahl sichtbar (siehe Lehrbuch Abschn. 3.4.2).

Lösung 3.22 Es gilt allgemein die Regel: „Gleiches löst Gleiches" (polar-polar, unpolar-unpolar). CH_3OH, NaF und HCl sind gut in Wasser löslich, da sie polare Stoffe sind.
CH_3OH hat eine polare OH-Gruppe und nur eine kleine unpolare CH_3-Gruppe.
C_2H_6 ist ein unpolarer Kohlenwasserstoff.
NaF ist eine gut in Wasser lösliche Ionenverbindung mit polaren Kationen und Anionen (Salz).
HCl ist eine polare Verbindung (Dipolmolekül).
O_2 ist ein unpolares Molekül.

Lösung 3.23 Allgemeine Regel: siehe Aufgabe 3.22. KCl, HCl und NH_3 sind polare Substanzen und sind deshalb besser in (polarem) Wasser löslich. Br_2, CH_4 und I_2 sind unpolar und deshalb besser in (unpolarem) Benzin löslich.

Lösung 3.24

a) Beide Moleküle enthalten eine polare OH-Gruppe, der unpolare Kohlenwasserstoffrest ist jedoch beim Pentanol größer als beim Ethanol.
b) Iod ist unpolar, Ethanol enthält noch eine polare OH-Gruppe.

Lösung 3.25 Dies ist der Anteil des gelösten Stoffes in Mol, bezogen auf die Gesamtzahl der in der Lösung vorhandenen Mol, d. h. des Lösungsmittels und des gelösten Stoffes (beides in Mol ausgedrückt).

Lösung 3.26 1 ppm = 1 Teil auf 1 Million Teile (1 part per million).

Lösung 3.27 Mithilfe der molaren Masse von $CuSO_4$: $M(CuSO_4) = M(Cu) + M(S) + 4 \cdot M(O) = 63{,}5\,g/mol + 32{,}1 + 64\,g/mol = 159{,}6\,g/mol$ ergibt sich die Massenkonzentration $c = 159{,}6\,g/l$.

Lösung 3.28 Analog Übungsbeispiel 3.2 im Lehrbuch ergibt sich:

$$400\,\frac{cm^3}{m^3} \cdot \frac{44\,\frac{g}{mol}}{22{,}414\,\frac{l}{mol}} = 785{,}2\,\frac{mg}{m^3}$$

Lösung 3.29 Die Molalität gibt die Anzahl der Mole des gelösten Stoffes in 1000 g des Lösungsmittels an.

Lösung 3.30 Siehe auch Übungsbeispiel 3.3 im Lehrbuch

$$V_2 = \frac{c_1 \cdot V_1}{c_2}$$

$$V_2 = \frac{90\,\frac{g}{l} \cdot 250\,ml}{50\,\frac{g}{l}}$$

$V_2 - V_1 = 450\,ml - 250\,ml = 200\,ml$. Es müssen 200 ml zugegeben werden.

Lösung 3.31

a) 38 % → 380 g/1000 g Lösung;
Massenkonzentration (Multiplikation mit Dichte) $c_m = (380\,g/1000\,g) \cdot 1190\,g/l = 452{,}2\,g/l$ mit molarer Masse von HCl = 36,5 g/mol → Stoffmengenkonzentration $c_s = 12{,}4\,mol/l$
b) 380 g HCl in 1000 g Lösung mit 620 g Wasser;
Die Molalität wird auf 1000 g Wasser bezogen, deshalb ergibt sich eine Masse der gesamten Lösung von $m_{ges} = 1000/620\,g = 1613\,g$.
1613 g Lösung enthalten 1000 g Wasser und 613 g HCl; mit molarer Masse von HCl = 36,5 g/mol → 16,8-molale Lösung.

Lösung 3.32 Diffusion ist die gleichmäßige Durchmischung von verschiedenen Stoffen durch die Wärmebewegung im atomaren Bereich. Osmose ist das Eindringen eines Lösungsmittels durch eine semipermeable Wand, hervorgerufen durch eine Verdünnungstendenz (Konzentrationsausgleich zwischen Lösung und Lösungsmittel). Bei der umgekehrten Osmose wird der natürliche Prozess der Osmose umgekehrt und das Lösungsmittel mittels hoher Drücke durch eine semipermeable Wand aus der Lösung hinausgedrückt.

Lösung 3.33 Der osmotische Druck ist von der Anzahl der gelösten Teilchen, im idealen Fall jedoch nicht von deren Art und Größe abhängig.

Lösung 3.34 Berechnung mithilfe der Van't-Hoff-Gleichung (Übungsbeispiel 3.4 im Lehrbuch): $\pi \cdot V = n \cdot R \cdot T$ und mit $n = m/M$:

$$M = m \cdot R \cdot \frac{T}{\pi \cdot V} = c \cdot R \cdot \frac{T}{\pi} \quad \text{in g/mol}$$

$$M = \frac{0{,}5\,\frac{\text{g}}{\text{l}} \cdot 8{,}314\,\frac{\text{J}}{\text{mol K}} \cdot 293\,\text{K} \cdot 1000}{210\,\frac{\text{N}}{\text{m}^2}} = 5800\,\frac{\text{g}}{\text{mol}}$$

Lösung 3.35 Berechnung mithilfe der Van't-Hoff-Gleichung (Übungsbeispiel 3.4):

$$\pi = \left(\frac{n}{V}\right) \cdot R \cdot T$$

a) 5 g/l mit Molekülmasse ($C_6H_{12}O_6$) = 180 g/mol ergibt eine molare Konzentration von 0,0278 mol/l. Dies entspricht auch der „Teilchenkonzentration" $(n/V) = 0{,}0278$ mol/l, da das Glucosemolekül nicht dissoziiert (gelöste Einzelmoleküle).

$$\pi = \frac{n}{V} \cdot R \cdot T = 0{,}0278 \cdot 10^3\,\frac{\text{mol}}{\text{m}^3} \cdot 8{,}314\,\frac{\text{J}}{\text{K mol}} \cdot 298\,\text{K} = 0{,}69 \cdot 10^5\,\frac{\text{N}}{\text{m}^2}$$

$\rightarrow \pi = 0{,}69$ bar

b) 5 g/l mit Formelmasse ($CaCl_2$) = 111,1 g/mol ergibt eine molare Konzentration von 0,045 mol. Dies entspricht einer „Teilchenkonzentration" $(n/V) =$ 0,135 mol/l (da in Lösung 1 mol $CaCl_2$ dissoziiert in 1 mol Ca^{2+} + 2 mol Cl^-).

$$\pi = \frac{n}{V} \cdot R \cdot T = 0{,}135 \cdot 10^3\,\frac{\text{mol}}{\text{m}^3} \cdot 8{,}314\,\frac{\text{J}}{\text{K mol}} \cdot 298\,\text{K} = 3{,}35 \cdot 10^5\,\frac{\text{N}}{\text{m}^2}$$

$\rightarrow \pi = 3{,}35$ bar

Lösung 3.36

a) Es muss die molare Teilchenkonzentration von beiden Lösungen ausgerechnet werden, um zu überprüfen, ob ein osmotischer Effekt auftritt.
NaCl-Lösung (Dissoziationsfaktor 2):

$$\frac{n}{V} = \frac{2 \cdot m}{V \cdot M} = \frac{2 \cdot 65\,\text{g}}{58{,}5\,\frac{\text{g}}{\text{mol}} \cdot 1\,\text{l}} = 2{,}22\,\frac{\text{mol}}{\text{l}}$$

Na_2SO_4-Lösung (Dissoziationsfaktor 3):

$$\frac{n}{V} = \frac{3 \cdot m}{V \cdot M} = \frac{3 \cdot 90\,\text{g}}{142{,}1\,\frac{\text{g}}{\text{mol}} \cdot 1\,\text{l}} = 1{,}9\,\frac{\text{mol}}{\text{l}}$$

Die molare Teilchenkonzentration ist auf der Seite der NaCl-Lösung höher, sodass aufgrund des osmotischen Effektes Wasser von der Seite der Na_2SO_4-Lösung auf die Seite der NaCl-Lösung diffundiert (Ausgleich der Konzentrationen). Damit steigt der Flüssigkeitsspiegel der NaCl-Lösung so lange an bis sich das Gleichgewicht eingestellt hat (osmotische Druckdifferenz).

b) Um die beiden Flüssigkeitsspiegel auf gleiche Höhe zu bringen muss auf der Seite der NaCl-Lösung die Differenz des osmotischen Drucks $\Delta\pi$ beider Lösungen aufgebracht werden.

$$\begin{aligned}\Delta\pi &= \left[\left(\frac{n}{V}\right)_{\text{NaCl}} - \left(\frac{n}{V}\right)_{\text{Na}_2\text{SO}_4}\right] \cdot R \cdot T \\ &= 0{,}32 \cdot 10^3\,\frac{\text{mol}}{\text{m}^3} \cdot 8{,}314\,\frac{\text{J}}{\text{K}\,\text{mol}} \cdot 293\,\text{K} = 7{,}8 \cdot 10^5\,\frac{\text{N}}{\text{m}^2}\end{aligned}$$

Somit muss auf der Seite der NaCl-Lösung ein Druck von 7,8 bar ausgeübt werden, um beide Flüssigkeitsspiegel auf gleiche Höhe zu bringen.

Lösung 3.37 Durch ein tief gestelltes „(aq)“, z. B.: $Na^+_{(aq)}$ oder $Cl^-_{(aq)}$.

Lösung 3.38 Die Lösungswärme ergibt sich aus dem Teilbetrag der frei werdenden Hydrationsenergie (exotherm) und dem Teilbetrag der aufzuwendenden Gitterenergie (endotherm). Je nachdem ist die Lösungswärme insgesamt exotherm oder endotherm. Wenn die Gitterenergie viel größer ist als die frei werdende Hydrationsenergie, ist das Salz schwer löslich.

Lösung 3.39 Die Entropie kann vereinfacht als ein Maß für den Unordnungsgrad in einem System verstanden werden. Je weniger gleichmäßig Materie und Energie im Raum verteilt sind, umso größer ist die Entropie.

Lösung 3.40 Chemische Reaktionen laufen dann freiwillig ab, wenn dadurch ein Energieminimum oder ein Entropiemaximum erreicht werden kann (und keine Energiebarrieren vorhanden sind), d. h., wenn die frei Enthalpie ΔG negativ ist (Gibbs'sche Gleichung, siehe Aufgabe 3.41).

Lösung 3.41 Die Änderung der freien Enthalpie ist derjenige Teilbetrag der Energie, der bei einer chemischen Reaktion Arbeit zu leisten vermag und in andere Energieformen überführt werden kann. Die Gibbs'sche Gleichung für die freie Enthalpie lautet: $\Delta G = \Delta H - T \cdot \Delta S$.

Lösung 3.42 Bei exergonischen Vorgängen laufen die Reaktionen freiwillig ab, die freie Enthalpie ΔG ist negativ, bei endergonischen Vorgängen ist ΔG positiv. Solche Vorgänge können nur durch Energieaufwand erzwungen werden.

Lösung 3.43 Abgesehen von den Problemen mit dem geringen Sauerstoffgehalt und der eisigen Kälte, ist das Problem, dass der Siedepunkt des Wassers auf einer Höhe von über 8000 m bei etwa 70 °C liegt. Bei dieser Temperatur kann das Eiweiß nicht gerinnen. Der Bergsteiger müsste also einen Dampfkochtopf mitschleppen.

Lösung 3.44 Bei einem dynamischen Gleichgewicht halten sich zwei ständig ablaufende, entgegengesetzt gerichtete Teilreaktionen das Gleichgewicht; dabei ist $\Delta G = 0$.

Lösung 3.45 Die Schmelzenthalpie ΔH_S ist die zum Schmelzen einer Substanz erforderliche Wärmeenergie (bei konstantem Druck), die Verdampfungsenthalpie ΔH_V gibt die zum Verdampfen einer Substanz (bei konstantem Druck) benötigte Wärmeenergie an.

Lösung 3.46 Der Übergang eines festen Stoffes unmittelbar in die Gasphase heißt Sublimation. Unter Gefriertrocknung versteht man den Entzug von H_2O durch Sublimation.

Lösung 3.47 Gibbs'sche Phasenregel: $P + F = B + 2$ (Zahl der Phasen + Zahl der Freiheiten = Zahl der Bestandteile + 2).

Lösung 3.48

a) Einstoffsystem: bei zwei Phasen = eine Freiheit, bei einer Phase = zwei Freiheiten;
b) Zweistoffsystem: bei drei Phasen = eine Freiheit.

Lösung 3.49 Beim Dampfkochtopf wird unter erhöhtem Druck gegart. Dadurch lässt sich eine höhere Siedetemperatur erreichen, da die Siedetemperatur des Wassers bei höherem Druck zunimmt → schnellere Garzeit (Abschn. 3.6.2.1c im Lehrbuch).

Lösung 3.50 Gefriertrocknung ist ein schonendes Verfahren zur Entwässerung von medizinischen Präparaten und Lebensmitteln. Hierbei wird das Wasser im Vakuum bei –20 bis –60 °C heraussublimiert.

Lösung 3.51 Das Eis schmilzt, da die Schmelzdruckkurve des Wassers im p-T-Phasendiagramm leicht nach links geneigt ist (Abschn. 3.6.2.1a im Lehrbuch).

Lösung 3.52 Kältemischung: Eis – Kochsalz: ca. –21 °C; Kältemischung: Eis – Calciumchlorid: ca. –55 °C.

Lösung 3.53 Dies ist das Verdampfen des flüssigen Kältemittels durch Entspannen auf einen niederen Druck, ohne dass dabei von außen Wärme zugeführt wird.

Lösung 3.54 Für Großkältemaschinen (z. B. Kühlhäuser) werden häufig Ammoniak oder Fluorkohlenwasserstoffe (FKW) verwendet. Ammoniak hat den Vorteil, dass es weder die Ozonschicht zerstört noch zum Treibhauseffekt beiträgt; es ist allerdings giftig (Abschn. 8.2.4 im Lehrbuch). Für kleine und mittlere Kältemaschinen werden heute Kohlenwasserstoffe oder Fluorkohlenwasserstoffe (FKW) verwendet, da sie die Ozonschicht der Atmosphäre nicht zerstören und teilweise nur in geringem Maße zum Treibhauseffekt beitragen.

Lösung 3.55 Die vier Stufen sind: 1) Komprimieren, 2) Kühlen und damit Verflüssigen der Kältemitteldämpfe, 3) Entspannen (Erzeugung der tiefen Temperaturen), 4) Verdampfen (Kälteverbrauch, eigentliche „Kälteerzeugung").

Lösung 3.56 Wärmepumpen verwendet man, um Wärmeenergie von tiefen (= Abfallwärme) auf höhere (nutzbare) Temperaturen „hinaufzupumpen". Die Wärmepumpe funktioniert prinzipiell wie ein Kühlschrank, nur entzieht sie nicht die Wärme von einem zu kühlenden Gut, sondern nimmt sie von der Umgebung auf (Luft, Grundwasser) und führt sie auf ein höheres Temperaturniveau, welches zum Heizen verwendet wird. Man nutzt dabei bei einer Kältemaschine die Verdampfungswärme (= zugeführte Abfallwärme) und die zusätzlich aufzuwendende Kompressionsenergie als Wärmequellen.

Lösung 3.57 Durch Destillieren kann man Flüssigkeiten reinigen; die Flüssigkeit wird durch Erhitzen in den dampfförmigen und der Dampf durch Abkühlen (Kondensation) wieder in den flüssigen Zustand überführt.

Lösung 3.58 Die fraktionierte Destillation ermöglicht eine Auftrennung von Flüssigkeitsmischungen in verschiedene „Fraktionen" mit unterschiedlichen Siedebereichen. Dies erreicht man dadurch, dass man während der Destillation bei steigender Siedetemperatur die Vorlage, in welcher das Destillat aufgefangen wird, wechselt.

Lösung 3.59 Rektifizierkolonnen dienen zur Auftrennung von Flüssigkeitsmischungen in die Einzelbestandteile oder wenigstens in einzelne Siedebereiche.

Lösung 3.60 Es werden Glockenböden und Siebböden verwendet.

Lösung 3.61 Die Trennwirkung kann man durch sogenannte theoretische Böden angeben.

A.4
Antworten zu *Chemische Reaktionen*

Lösung 4.1 Stöchiometrische Berechnungen sind mengenmäßige Kalkulationen bei chemischen Stoffumsetzungen.

Lösung 4.2 Bei exothermen Prozessen wird Wärme frei, bei endothermen wird Wärme verbraucht.

Lösung 4.3 Die Aktivierungsenergie wird benötigt, um bestehende chemische Bindungen zu lösen, damit die so aktivierten Reaktionspartner neue Bindungen eingehen können.

Lösung 4.4 Enthalpie ist der Wärmeinhalt (eines Stoffes) bei konstantem Druck, die innere Energie gibt den Wärmeinhalt bei konstantem Volumen an.

Lösung 4.5 Katalysatoren setzen die Aktivierungsenergie herab (sie beschleunigen Reaktionen) und gehen unverändert aus der Reaktion hervor. Man unterscheidet zwischen homogener und heterogener Katalyse (siehe Aufgabe 4.8). Inhibitoren erhöhen die Aktivierungsenergie und verlangsamen somit eine Reaktion.

Lösung 4.6 Katalysatorgifte zerstören irreversibel den Katalysator. So ist z. B. Blei ein Katalysatorgift für den Platinkatalysator im Bereich der Abgasreinigung (siehe Kapitel 13 im Lehrbuch).

Lösung 4.7 Stoffe, welche im metastabilen Zustand vorliegen, könnten durch eine chemische Reaktion in andere, energieärmere Stoffe (exotherme Reaktion) überführt werden, jedoch fehlt hierzu die nötige Anregungsenergie. Deswegen bleiben diese Stoffe auf dem energetisch höheren Zwischenzustand.

Lösung 4.8 Bei der *homogenen Katalyse* gehört der Katalysator der gleichen Phase an wie die Reaktionspartner. Der Katalysator bildet mit einem der reagierenden Stoffe eine labile Zwischenverbindung, die dann rasch mit dem zweiten Reaktionspartner weiterreagiert.
Bei der *heterogenen Katalyse* liegen die Katalysatoren meist als fein verteilte, feste Stoffe vor, an deren Oberfläche die Reaktionspartner adsorbieren und in eine aktivere, leichter reagierende Form gebracht werden, indem durch die Adsorption die Molekülbindungen geschwächt oder sogar aufgebrochen werden.

Lösung 4.9

a) Aus der Reaktionsgleichung

$$2C_8H_{18} + 25O_2 \rightarrow 16CO_2 + 18H_2O$$

folgt unter Berechnung der molaren Masse bzw. dem Molvolumen:

$$2 \cdot 114\,\mathrm{g} = 228\,\mathrm{g}\text{ Oktan benötigen } 25 \cdot 22{,}4\,\mathrm{l} = 560{,}4\,\mathrm{l}\ O_2,$$

42 kg Oktan (60 l · 0,7 kg/l = 42 kg) benötigen somit

$$(42\,000\,\mathrm{g}/228\,\mathrm{g}) \cdot 560{,}4\,\mathrm{l} = 1{,}03 \cdot 10^5\,\mathrm{l}\ O_2 \rightarrow 103\,\mathrm{m}^3\ O_2.$$

Da Luft 21 Vol% O_2 enthält, werden (100/21) · 103 m³ = 490,5 m³ Luft benötigt.

b) Entsprechend der Reaktionsgleichung werden bei 228 g Oktan 16 · 22,4 l = 358,6 l CO_2 frei.
   Für 42 kg Oktan wird damit entsprechend folgendes Gasvolumen an CO_2 freigesetzt:

$$(42\,000\,\mathrm{g}/228\,\mathrm{g}) \cdot 358{,}6\,\mathrm{l} = 6{,}6 \cdot 10^4\,\mathrm{l} \rightarrow 66\,\mathrm{m}^3$$

(siehe auch Übungsbeispiele 4.1 und 4.2 im Lehrbuch).

Lösung 4.10 Oxidation = Abspaltung von Elektronen, Reduktion = Aufnahme von Elektronen.

Lösung 4.11 Oxidationsmittel = Stoff, der Elektronen aufnimmt; Reduktionsmittel = Stoff, der Elektronen abgibt.

Lösung 4.12 Ladungszahlen geben die tatsächlich messbaren Ladungen von Ionen an. Die Oxidationszahl ist nur eine *formale* Ladungszahl; sie gibt also nicht die tatsächlichen Bindungsverhältnisse wieder.

Lösung 4.13 Häufige Reduktionsmittel sind zum Beispiel Kohlenstoff, Wasserstoff, Aluminium. Bei Elektrolysen wirkt die Kathode als Reduktionsmittel (Elektronenüberschuss).

Lösung 4.14 Beim Thermit-Schweißen wird die hohe Temperatur durch die Reaktion von Al-Pulver mit Fe_2O_3-Pulver erzeugt (exotherme Reaktion). Sie wird technisch zum Schweißen von Schienen verwendet.

Lösung 4.15

0	+1+6−2	+2+6−2	+2−1	+1+7−2	+1−2	+3−2	+1+5−2	+1+4−2
O_2	H_2SO_4	$BaCrO_4$	$CaCl_2$	$HClO_4$	H_2S	Al_2O_3	H_3PO_4	Na_2CO_3

Lösung 4.16 Generell gilt: Das Reduktionsmittel gibt Elektronen ab, das Oxidationsmittel nimmt Elektronen auf. Es sollten deshalb alle Oxidationszahlen der an der Reaktion beteiligten Stoffe ermittelt werden, um anschließend zu schauen, bei welchen Stoffen Elektronen abgegeben bzw. aufgenommen werden (siehe auch Übungsbeispiel 4.5 im Lehrbuch). Das Oxidationsmittel wird jeweils reduziert, das Reduktionsmittel oxidiert.

a)

$$\overset{+3\ -2}{Fe_2O_3} + 2\overset{0}{Al} \rightarrow \overset{+3\ -2}{Al_2O_3} + 2\overset{0}{Fe}$$

Reduktionsmittel: Al (0), Oxidationsmittel: Fe (+3);

b)

$$\overset{-4+1}{CH_4} + 2\overset{0}{O_2} \rightarrow \overset{+4-2}{CO_2} + 2\overset{+1\ -2}{H_2O}$$

Reduktionsmittel: C (−4), Oxidationsmittel: O_2 (0);

c)

$$\overset{0}{Ca} + \overset{0}{Cl_2} \rightarrow \overset{+2\ -1}{CaCl_2}$$

Reduktionsmittel: Ca (0), Oxidationsmittel: Cl_2 (0).

Lösung 4.17 Durch stöchiometrische Berechnung aus der Reaktionsgleichung

$$Cr_2O_3 + 2Al \rightarrow 2Cr + Al_2O_3$$

ergibt sich mit den molaren Massen:
$2 \cdot 27\,g = 54\,g$ Al ergeben $2 \cdot 52\,g = 104\,g$ Cr $\rightarrow 5 \cdot 10^6\,g$ Cr benötigen somit $(5 \cdot 10^6\,g/104\,g) \cdot 54\,g = 2{,}6 \cdot 10^6\,g$ Al.

Lösung 4.18 S: +6, −2; Cl: +7, −1; Na: +1,0; P: +5, −3; Ar: 0; F: 0, −1;
Begründung: Die Oxidationszahlen (formale Ladungen) unterliegen der Oktettregel, d. h., jedes Element kann – je nach Stellung/Gruppe im Periodensystem – maximal so viele Elektronen abgeben oder aufnehmen, bis die nächsthöhere bzw. nächstuntere Schale erreicht ist.

Lösung 4.19 Bei Redoxreaktionen werden die Oxidationszahlen der an der Reaktion beteiligten Stoffe verändert. Deshalb müssen zunächst alle Oxidationszahlen ermittelt werden. Bei b), c) und d) handelt es sich um Redoxreaktionen, da sich die Oxidationszahlen der beteiligten Elemente ändern. Das Oxidationsmittel nimmt Elektronen auf, das Reduktionsmittel gibt Elektronen ab.

a) keine Redoxreaktion

b)

$$\overset{0}{Br_2} + 2\overset{+1\ -1}{NaI} \rightarrow 2\overset{+1\ -1}{NaBr} + \overset{0}{I_2}$$

Oxidationsmittel: Br_2, Reduktionsmittel: I;

c)

$$\overset{+4-2}{SiO_2} + 2\overset{0}{C} \rightarrow \overset{0}{Si} + 2\overset{+2-2}{CO}$$

Oxidationsmittel: Si (+4), Reduktionsmittel: C (0);

d)

$$\overset{0}{Ca} + 2\overset{+1-1}{HCl} \rightarrow \overset{+2\ -1}{CaCl_2} + \overset{0}{H_2}$$

Oxidationsmittel: H (+1), Reduktionsmittel: Ca (0).

Lösung 4.20 Siehe auch Übungsbeispiel 4.2 im Lehrbuch

a)

$$2\overset{+1}{H_2}\overset{-2}{S} + \overset{+4}{S}\overset{-2}{O_2} \rightarrow 3\overset{0}{S} + 2\overset{+1}{H_2}\overset{-2}{O}$$

Oxidationsmittel: S (+4), Reduktionsmittel: S (−2);

b)

$$\overset{+3}{B_2}\overset{-2}{O_3} + 3\overset{0}{Mg} \rightarrow 2\overset{0}{B} + 3\overset{+2}{Mg}\overset{-2}{O}$$

B (+3) Oxidationsmittel, Mg (0) Reduktionsmittel;

c)

$$\overset{0}{Zn} + 2\overset{+1}{H}\overset{-1}{Cl} \rightarrow \overset{+2}{Zn}\overset{-1}{Cl_2} + \overset{0}{H_2}$$

H (+1) Oxidationsmittel, Zn (0) Reduktionsmittel;

d)

$$2\overset{0}{F_2} + 2\overset{+1}{H_2}\overset{-2}{O} \rightarrow 4\overset{+1}{H}\overset{-1}{F} + \overset{0}{O_2}$$

F (0) Oxidationsmittel, O (−2) Reduktionsmittel.

Lösung 4.21

a) $WO_3 + 3H_2 \rightarrow W + 3H_2O$;
b) aus a) folgt mit Berechnung der molaren Massen: 231,9 g WO_3 ergeben 183,9 g W; somit ergeben $3{,}78 \cdot 10^6$ g WO_3 $(3{,}78 \cdot 10^6\,g/231{,}9\,g) \cdot 183{,}9\,g = 3 \cdot 10^6$ g W;
c) 183,9 g W benötigen $3 \cdot 22{,}4\,l = 67{,}2\,l$ H_2 → 3 t W benötigen $(3{,}78 \cdot 10^6\,g/231{,}9\,g) \cdot 67{,}2\,l = 1096 \cdot 10^3\,l = 1096\,m^3$ H_2.

Lösung 4.22

a) Den Gleichungen

$$2ZnS + 3O_2 \rightarrow 2ZnO + 2SO_2$$

$$ZnO + C \rightarrow Zn + CO$$

entnimmt man die Information:
2 mol ZnS reagieren zu 2 mol ZnO und dieses reagiert zu 2 mol Zn.
Unter Berücksichtigung der molaren Massen ergibt sich, dass $2 \cdot 97{,}4\,g = 194{,}8\,g$ ZnS zu $2 \cdot 65{,}4\,g = 130{,}8\,g$ Zn reagieren. Aus 2000 kg ZnS entstehen somit $(2000 \cdot 10^3\,g/194{,}8\,g) \cdot 130{,}8\,g = 1{,}343 \cdot 10^6\,g$ → 1343 kg Zn.
b) Aus 2 mol ZnS entstehen 2 mol SO_2 und 2 mol CO, somit werden jeweils $2 \cdot 22{,}4\,l = 44{,}8\,l$ freigesetzt; somit setzen 2000 kg ZnS $(2000 \cdot 10^3\,g/194{,}8\,g) \cdot 44{,}8\,l = 4{,}6 \cdot 10^5\,l$ frei → $466\,m^3$.

Lösung 4.23

a) Der Gleichung

$$3Mn_3O_4 + 8Al \rightarrow 9Mn + 4Al_2O_3$$

entnimmt man die Information:
3 mol Mn_3O_4 reagieren zu 9 mol Mn, d. h., 3 · 228,7 g = 686,1 g Mn_3O_4 reagieren zu 9 · 54,9 g = 494,1 g Mn. Somit können aus 5000 kg Mn_3O_4 (5000 · 10^3 g/686,1 g) · 494,1 g = 3,6 · 10^6 g → 3600 kg Mn gewonnen werden.

b) Für 686,1 g Mn_3O_4 werden 8 · 27 g = 216 g Al benötigt. Somit benötigen 5000 kg Mn_3O_4 (5000 · 10^3 g/686,1 g) · 216 g = 1,57 · 10^6 g Al → 1570 kg Al.

Lösung 4.24

a) Die Leistung von 120 W entspricht einem Energiebedarf von 120 J/s, d. h. 432 kJ/h. Der Gleichung

$$C_6H_{12}O_6 + 6O_2 \rightarrow 6CO_2 + 6H_2O \quad \Delta H^\circ = -2808\,\text{kJ/mol}$$

entnimmt man die Information:
Bei der Reaktion von 1 mol Glucose $C_6H_{12}O_6$ entstehen 2808 kJ; für 432 kJ werden somit theoretisch $n = 1\,\text{mol} \cdot (432/2808) = 0{,}154\,\text{mol}$ benötigt.
Umrechnung in Gramm: $m = 0{,}154\,\text{mol} \cdot 180\,\text{g/mol} = 27{,}7\,\text{g}$ Glucose.

b) Um 0,154 mol Glucose zu oxidieren werden 6 · 0,154 mol = 0,924 mol O_2 benötigt. Dies entspricht einem Normvolumen von $V_N = 0{,}924 \cdot 22{,}4\,\text{l} = 20{,}7\,\text{l}$.
Da pro Liter Luft 5 Vol% Sauerstoff veratmet werden, werden somit (1/0,05) · 20,7 l = 414 l Luft benötigt.

Lösung 4.25 Aus der Gleichung

$$C_6H_{12}O_6 \rightarrow 2C_2H_5OH + 2CO_2$$

entnimmt man folgende Information:
Aus 180 g Glucose entstehen 2 · 46 g = 92 g Ethanol, aus (16 − 12,9) g = 3,1 g Glucose entstehen (3,1/180) · 92 g = 1,58 g Ethanol → c_{Eth} = 1,58 g/l → 0,158 Massen-% (*Annahme:* Dichte = 1000 g/l).

Lösung 4.26

a) Es handelt sich um eine endotherme Reaktion, da ΔH° positives Vorzeichen hat.

b) Aus der Gleichung

$$SiO_2 + 2C \rightarrow Si + 2CO \quad \Delta H^\circ = +695\,\text{kJ}$$

entnimmt man folgende Information:

60,1 g SiO_2 und $2 \cdot 12 = 24$ g C ergeben 28,1 g Si, somit müssen für 1 t Silicium $(10^6\,g/28{,}1\,g) \cdot 60{,}1\,g = 2{,}14 \cdot 10^6\,g$ (= 21,4 t) SiO_2 und $(10^6\,g/28{,}1\,g) \cdot 24\,g = 0{,}85 \cdot 10^6\,g$ (= 0,85 t) eingesetzt werden.

c) Die Herstellung von 28,1 g benötigt 695 kJ → die Herstellung von 1 t benötigt $(10^6\,g/28{,}1\,g) \cdot 695\,kJ = 2{,}47 \cdot 10^7\,kJ = 2{,}47 \cdot 10^4\,MJ = 6861\,kWh$.

Lösung 4.27

a) Der Gleichung

$$Ca_3(PO_4)_2 + 3H_2SO_4 \rightarrow 3CaSO_4 + 2H_3PO_4$$

entnimmt man folgende Information:
Aus 310,3 g Calciumphosphat entstehen $2 \cdot 98\,g = 196\,g$ Phosphorsäure, somit entstehen aus 500 kg Calciumphosphat $(500 \cdot 10^3\,g/310{,}3\,g) \cdot 196\,g = 315{,}8 \cdot 10^3\,g = 315$ kg Phosphorsäure.

b) Aus 310,3 g Calciumphosphat entstehen $3 \cdot 136{,}2\,g = 408{,}6\,g$ Calciumsulfat, somit entstehen aus 500 kg Calciumphosphat $(500 \cdot 10^3\,g/310{,}3\,g) \cdot 408{,}6\,g = 658{,}4 \cdot 10^3\,g = 658{,}4$ kg Calciumphosphat.

Lösung 4.28

a) Die Reaktionsgleichungen lauten:
- $MgCO_3 \rightarrow MgO + CO_2$
- $2MgO + C + 2Cl_2 \rightarrow 2MgCl_2 + CO_2$
- Kathode: $Mg^{2+} + 2e^- \rightarrow Mg$; Anode: $2Cl^- \rightarrow Cl_2 + 2e^-$ (Abschn. 10.4.2 im Lehrbuch)

b)

$$2\overset{+2}{Mg}\overset{-2}{O} + \overset{0}{C} + 2\overset{0}{Cl_2} \rightarrow 2\overset{+2}{Mg}\overset{-1}{Cl_2} + \overset{+4}{C}\overset{-2}{O_2}$$

Es handelt sich um eine Redoxreaktion, da sich die Oxidationszahlen der Reaktionspartner ändern.

c) Nach den Gleichungen 1.) und 3.) lassen sich aus 84,3 g $MgCO_3$ 24,3 g Mg herstellen, somit entstehen aus $2000 \cdot 10^3$ g $MgCO_3(2000 \cdot 10^3\,g/84{,}3\,g) \cdot 24{,}3\,g = 576{,}5 \cdot 10^3\,g = 576{,}5$ kg Mg.

Nach den Gleichungen 2.) und 3.) werden für 48,6 g Mg 12 g C gebraucht, somit werden für $576{,}5 \cdot 10^3$ g Mg $(576{,}5 \cdot 10^3\,g/48{,}6\,g) \cdot 12\,g = 142{,}3 \cdot 10^3\,g = 142{,}3$ kg C gebraucht.

Lösung 4.29 Metalle würden dann mit CO_2 unter Bildung des entsprechenden Metalloxids reagieren. Beispiel:

$$2Mg + CO_2 \rightarrow 2MgO + C$$

Lösung 4.30 Nach Brönsted sind Säuren Protonendonatoren, Basen Protonenakzeptoren.

Lösung 4.31 Bei pH = 11 liegt definitionsgemäß eine Wasserstoffionenkonzentration von $c_{H^+} = 10^{-11}$ mol/l vor.
Aus dem Ionenprodukt des Wassers $c_{H^+} \cdot c_{OH^-} = 10^{-14}\,\text{mol}^2/\text{l}^2$ ergibt sich die Hydroxidionenkonzentration $c_{OH^-} = 10^{-3}$ mol/l.
In 1 m^3 sind somit 1 mol OH^- vorhanden und entsprechend wird 1 mol HCl zur Neutralisation benötigt = 36,5 g HCl und dies entspricht 365 g HCl mit einem Massengehalt 10 %.

Lösung 4.32 Die Gleichungen für die Neutralisationsreaktionen lauten:

$$Mg(OH)_2 + 2HCl \rightarrow MgCl_2 + 2H_2O \quad Al(OH)_3 + 3HCl \rightarrow AlCl_3 + 3H_2O$$

Lösung 4.33 Dies sind Stoffe, die sowohl als Säure wie auch als Base fungieren können.

Lösung 4.34

a) $H_2SO_4 + 2NaOH \rightarrow Na_2SO_4 + 2H_2O$
Neutralisation: Säure (H_2SO_4) + Base (NaOH) → Salz (Na_2SO_4) + Wasser;

b)

$$\overset{0}{Cl_2} + 2\overset{+1\;-1}{NaBr} \rightarrow 2\overset{+1\;-1}{NaCl} + \overset{0}{Br_2}$$

Redoxreaktion: Oxidationszahlen der Reaktionspartner ändern sich;

c)

$$\overset{+3\;-2}{Fe_2O_3} + 3\overset{+2-2}{CO} \rightarrow 3\overset{+4\;-2}{CO_2} + 2\overset{0}{Fe}$$

Redoxreaktion: Oxidationszahlen der Reaktionspartner ändern sich;

d)

$$NH_3 + H_2O \rightarrow NH_4^+ + OH^-$$

Säure-Base-Reaktion: Proton wird von H_2O (Säure) auf NH_3 (Base) verschoben;

e)

$$Na_2O + H_2O \rightarrow 2NaOH$$

Säure-Base-Reaktion: Proton wird von H_2O (Säure) auf O^{2-} (Base) verschoben;

f)

$$HBr + KOH \rightarrow KBr + H_2O$$

Neutralisation: Säure (HBr) + Base (KOH) → Salz (KBr) + Wasser.

A.5
Antworten zu *Chemische Gleichgewichte*

Lösung 5.1 Im Gleichgewichtszustand einer chemischen Reaktion besitzt der Quotient aus den „wirksamen Massen" der End- und der Ausgangsstoffe bei gegebener Temperatur einen bestimmten, konstanten, für die Reaktion charakteristischen Wert K.

Lösung 5.2

a) $K_c = \dfrac{c^3_{H^+} \cdot c_{PO_4^{3-}}}{c_{H_3PO_4}}$ b) $K_c = \dfrac{c_{Fe(OH)_3}}{c_{Fe^{3+}} \cdot c^3_{OH^-}}$ c) $K_c = \dfrac{c_{Ca_3(PO_4)_2}}{c^2_{PO_4^{3-}} \cdot c^3_{Ca^{2+}}}$

Lösung 5.3 Übt man auf ein System, das sich im chemischen Gleichgewicht befindet, durch Änderung der äußeren Bedingungen einen Zwang aus, so verschiebt sich das chemische Gleichgewicht derart, dass dieser äußere Zwang vermindert wird.

Lösung 5.4 Ionenprodukt des Wassers: $c_{H^+} \cdot c_{OH^-} = 10^{-14}\,mol^2/l^2$.

Lösung 5.5 Die Gleichungen lauten:

$$H_3PO_4 + H_2O \rightarrow H_2PO_4^- + H_3O^+$$
$$H_2PO_4^- + H_2O \rightarrow HPO_4^{2-} + H_3O^+$$
$$HPO_4^{2-} + H_2O \rightarrow PO_4^{3-} + H_3O^+$$

Lösung 5.6 Der Dissoziationsgrad α einer schwachen Säure beträgt etwa 0,01, der einer starken Säure etwa 1.

Lösung 5.7 Der pH-Wert ist definitionsgemäß der negative dekadische Logarithmus der Wasserstoffionenkonzentration c_{H^+}. Deshalb muss zunächst die jeweilige c_{H^+}-Konzentration berechnet werden. → a) pH = 2; b) pH = 2,4; c) pH = 1,2; d) pH = 0,9.

Lösung 5.8

a) pH-Wert *vor* Zugabe der Natronlauge:
Berechnung der Stoffmengenkonzentration (HCl) → $c_{HCl} = n/V = (m/M)/V$

$$c_{HCl} = \frac{\frac{4\,g}{36{,}5\,\frac{g}{l}}}{0{,}6\,l} = 0{,}183\,\frac{mol}{l}$$

pH = negativer dekadischer Logarithmus von c_{H^+} → pH = 0,74;

b) pH-Wert *nach* Zugabe der Natronlauge:
zugegebene Stoffmenge NaOH: $n_1 = c_1 \cdot V_1 = 1\,mol/l \cdot 0{,}2\,l = 0{,}2\,mol$.

NaOH reagiert mit HCl nach folgender Gleichung:

$$\mathrm{NaOH + HCl \rightarrow NaCl + H_2O}$$

Somit verbleiben nach der Reaktion $n_2 = (0{,}2 - 0{,}61 \cdot 0{,}183\,\mathrm{mol/l})\,\mathrm{mol} = 0{,}0902\,\mathrm{mol}$ NaOH.
Stoffmengenkonzentration $c_{\mathrm{OH^-}}$ (siehe Übungsbeispiel 3.3 im Lehrbuch):

$$c_{\mathrm{OH^-}} = \frac{n_2}{V_2} = \frac{0{,}0902\,\mathrm{mol}}{(0{,}6 + 0{,}2)\,\mathrm{l}} = 0{,}0113\,\mathrm{mol/l}$$

Mit dem Ionenprodukt des Wassers ergibt sich (siehe Abschn. 5.2.1 im Lehrbuch):

$$c_{\mathrm{H^+}} = \frac{10^{-14}\,\mathrm{mol^2/l^2}}{0{,}0113\,\mathrm{mol/l}} = 8{,}85 \cdot 10^{-13}\,\mathrm{mol/l}$$

pH = negativer dekadischer Logarithmus von $c_{\mathrm{H^+}} \rightarrow \mathrm{pH} = 12{,}1$.

Lösung 5.9 Berechnung der Stoffmenge Kaliumoxid (K_2O): $n = m/M = 3\,\mathrm{g}/94{,}2\,\mathrm{g/mol} = 0{,}032\,\mathrm{mol}$.
Berechnung der Stoffmenge OH^-:

$$\mathrm{K_2O + H_2O \rightarrow 2KOH}$$

$$n_{\mathrm{OH^-}} = 2 \cdot 0{,}032\,\mathrm{mol} = 0{,}064\,\mathrm{mol}$$

Berechnung der Stoffmengenkonzentration OH^- nach Zugabe von 30 ml Salzsäure:
Bei pH 0,8 ergibt sich eine $c_{\mathrm{H^+}}$-Konzentration von $c_{\mathrm{H^+}} = 10^{-0{,}8}\,\mathrm{mol/l} = 0{,}158\,\mathrm{mol/l}$.
Die ursprünglich vorhandene Stoffmenge $n_{\mathrm{H^+}}$ setzt sich zusammen aus der aktuellen Stoffmenge in 230 ml Lösung $n_{\mathrm{H^+}} = (0{,}158\,\mathrm{mol/l} \cdot 0{,}23\,\mathrm{l}) = 0{,}0363\,\mathrm{mol}$ und der Stoffmenge $n_{\mathrm{H^+}}$, welche mit KOH reagiert hat:

$$\mathrm{H^+ + KOH \rightarrow K^+ + H_2O}$$

$$n_{\mathrm{H^+}} = n_{\mathrm{OH^-}} = 0{,}064\,\mathrm{mol}$$

Gesamte ursprüngliche Stoffmenge $n_{\mathrm{H^+}} = 0{,}0363 + 0{,}064\,\mathrm{mol} = 0{,}1\,\mathrm{mol}$
Stoffmengenkonzentration $c_{\mathrm{H^+}}$ in 30 ml Salzsäure (siehe Übungsbeispiel 3.3 im Lehrbuch):

$$c_{\mathrm{H^+}} = \frac{n}{V_2} = \frac{0{,}1\,\mathrm{mol}}{(0{,}03)\,\mathrm{l}} = 3{,}34\,\mathrm{mol/l}$$

Dies ist auch die molare HCl-Konzentration der zugegebenen Salzsäure.

Lösung 5.10 Dies ist die scheinbare, bei Bestimmungsmethoden gemessene, wirksame Wasserstoffionenkonzentration. Sie stimmt mit der tatsächlichen, wahren Wasserstoffionenkonzentration nicht überein, wenn die Konzentration bei starken Elektrolyten größer als 0,001 mol/l, bei schwachen Elektrolyten größer als 0,1 mol/l ist, bedingt durch die gegenseitige Beeinflussung der elektrisch geladenen Ionen in der Lösung.

Lösung 5.11 Wegen des gelösten CO_2 (Kohlensäurebildung): $CO_2 + H_2O \rightarrow H_2CO_3$

Lösung 5.12 Pufferlösungen halten den pH-Wert konstant (auch bei Zugabe von Säuren oder Basen). Sie enthalten zwei Bestandteile: einen H^+-Ionenfänger und einen OH^--Ionenfänger. Die entscheidende Rolle spielt dabei die Verwendung von schwachen Elektrolyten.
Mögliche Kombinationen von Pufferlösungen:

a) schwache Säure und ein Salz dieser schwachen Säure mit einer starken Base,
b) schwache Base und ein Salz dieser schwachen Base mit einer starken Säure.

Lösung 5.13 Farbindikatoren sind schwache Säuren oder Basen, deren Ionen eine andere Farbe haben als die undissoziierten Moleküle. Sie zeigen durch ihre Färbung (pH-abhängige Gleichgewichtslage zwischen der dissoziierten und der undissoziierten Form) den pH-Wert an.

Lösung 5.14 Maßanalyse oder Titration = Verfahren zur quantitativen Bestimmung der Konzentration von Lösungen durch Verbrauch von Reagenzlösungen bekannter Konzentrationen (gemessen wird das Volumen der verbrauchten Reagenzlösung = volumetrische Analyse) bis zum Äquivalenzpunkt.
Neutralisationstitration = Säure-Base-Titration,
Oxidimetrie = Redoxtitration,
Normallösungen = Lösungen mit gleicher Äquivalenzkonzentration in einem Liter (siehe Abschn. 5.2.7.1 im Lehrbuch).

Lösung 5.15 Bei der Titration von 100 ml einer KOH-Lösung werden 30 ml einer 0,1-molaren HCl-Lösung verbraucht.
1 ml der 0,1-molaren HCl enthält $n_{H^+} = 0{,}1 \cdot 10^{-3}$ mol H^+-Ionen,
30 ml enthalten somit $n_{H^+} = 30 \cdot 10^{-4}$ mol $= 3 \cdot 10^{-3} = 0{,}003$ mol.
Gemäß der Reaktionsgleichung

$$HCl + KOH \rightarrow KCl + H_2O$$

wird eine Stoffmenge von 0,003 mol KOH zur Neutralisation benötigt.
Berechnung der Stoffmengenkonzentration $c_{KOH} = n/V = 0{,}003/0{,}1\,l = 0{,}03$ mol/l.
Unter Verwendung der molaren Masse von (56,1 g/mol) KOH beträgt die Massenkonzentration $c_{KOH} = 0{,}03$ mol/l $\cdot$ 56,1 g/mol = 1,68 g/l.

Lösung 5.16 Bei der Titration von 50 ml der Essiglösung werden 76,2 ml einer 0,5-molaren NaOH-Lösung verbraucht.
1 ml der 0,5-molaren NaOH enthält $n_{OH^-} = 0{,}5 \cdot 10^{-3}$ mol OH^- Ionen,
76,2 ml enthalten somit $n_{OH^-} = 0{,}0381$ mol.

Gemäß der Reaktionsgleichung

$$CH_3COOH + NaOH \rightarrow CH_3COONa + H_2O$$

wird eine Stoffmenge von 0,0381 mol CH_3COOH (Essigsäure) zur Neutralisation benötigt.
Berechnung der Stoffmengenkonzentration $c_{Essig} = n/V = 0{,}0381/0{,}05\,l = 0{,}762\,mol/l$.
Unter Verwendung der molaren Masse von (60 g/mol) CH_3COOH beträgt die Massenkonzentration $c_{Essig} = 0{,}762\,mol/l \cdot 60\,g/mol = 45{,}7\,g/l$. Der Massengehalt beträgt dann 4,57 g/kg bzw. 4,57 % (*Annahme:* Dichte = 1000 g/l).

Lösung 5.17 Beim Natriumcarbonat bewirkt das Carbonatanion als Anionbase eine alkalische Reaktion: $CO_3^{2-} + H_2O \rightarrow HCO_3^- + OH^-$
Beim Aluminiumsulfat verursacht das hydratisierte Aluminiumion als Kationsäure eine saure Reaktion: $(Al(H_2O)_6)^{3+} + H_2O \rightarrow (Al(H_2O)_5OH)^{2+} + H_3O^+$

Lösung 5.18 Die Gleichungen für die Löslichkeitsprodukte der Verbindungen lauten: $L_{Sb(OH)_3} = c_{Sb^{3+}} \cdot c^3_{OH^-}$, $L_{Ca_3(PO_4)_2} = c^3_{Ca^{2+}} \cdot c^2_{PO_4^{3-}}$, $L_{Hg_2Cl_2} = c_{Hg_2^{2+}} \cdot c^2_{Cl^-}$.

Lösung 5.19 Lösung mithilfe des Löslichkeitsproduktes (siehe Übungsbeispiele 5.3 und 5.4 im Lehrbuch):

a) Löslichkeit von $CaSO_4 = x$:

$$c_{Ca^{2+}} = c_{SO_4^{2-}} = x \rightarrow L = x^2 \rightarrow x = L^{1/2}$$

$x = (6{,}1 \cdot 10^{-5}\,mol^2/l^2)^{1/2} = 0{,}0078\,mol/l \rightarrow c = x \cdot M = 0{,}0078\,mol/l \cdot 136{,}2\,g/mol = 1{,}064\,g/l$;

b) Löslichkeit von $Fe(OH)_3 = x$:

$$c_{Fe^{3+}} = x\,, \quad c_{OH^-} = 3x \rightarrow L = x \cdot (3x)^3 = 9x^4 \rightarrow x = \left(\frac{L}{9}\right)^{1/4}$$

$x = (3{,}8 \cdot 10^{-38}\,mol^4/l^4/9)^{1/4} = 2{,}55 \cdot 10^{-10}\,mol/l \rightarrow c = x \cdot M = 2{,}55 \cdot 10^{-10}\,mol/l \cdot 106{,}9\,g/mol = 2{,}7 \cdot 10^{-8}\,g/l$;

c) Löslichkeit von $CaSO_4 = x$:

$$c_{Ca^{2+}} = x\,, \quad c_{SO_4^{2-}} = x + 0{,}2 \rightarrow L = x \cdot (x + 0{,}2)$$

Da die Konzentration der Ca^{2+}-Ionen viel kleiner ist als 0,2 mol/l, kann die obige Gleichung vereinfacht werden zu:

$$L = x \cdot 0{,}2$$

$x = L/0{,}2 = (6{,}1 \cdot 10^{-5}\,mol^2/l^2/0{,}2\,mol/l) = 3{,}05 \cdot 10^{-4}\,mol/l \rightarrow c = x \cdot M = 0{,}000\,305\,mol/l \cdot 136{,}2\,g/mol = 0{,}042\,g/l$, d. h., die Löslichkeit wird kleiner, siehe a).

Lösung 5.20 Temporäre Härte ist die vorübergehende Härte. Sie verschwindet beim Erhitzen durch Ausfallen von „Kesselstein“ und wird durch Calcium- (bzw. Erdalkali-)Hydrogencarbonate verursacht.
Permanente Härte ist die bleibende Härte. Sie wird verursacht durch Calcium- (bzw. Erdalkali-)Salze, die beim Erhitzen keine schwer löslichen Niederschläge bilden.

Lösung 5.21 1 „deutscher Härtegrad“ = 1 °dH = äquivalent 10 mg CaO im Liter.

Lösung 5.22 Sie erhöht sich, weil das Gleichgewicht $HCO_3^- \rightleftarrows H^+ + CO_3^{2-}$ sich mit abnehmender Wasserstoffionenkonzentration (= mit abnehmendem Kohlensäuregehalt) zugunsten der Carbonationen verschiebt.

Lösung 5.23 Eine Erhöhung des pH-Werts (= Verminderung der Wasserstoffionenkonzentration) bewirkt ein Ansteigen der Carbonationenkonzentration (siehe Frage 5.22) und damit ein Ausfallen von Calciumcarbonat.

Lösung 5.24

a) Vorheriges Ausfällen (eventuell Abtrennen) von Calciumcarbonat,
b) Zusätze, die Calciumionen komplex gebunden in der Lösung halten,
c) selektiver Ionenaustausch: Calciumionen werden durch Ionenaustauscher aus der Lösung entfernt und durch z. B. Natriumionen ersetzt,
d) Verwendung von vollentsalztem Wasser, das man mithilfe von Kationen- und Anionenaustauschern gewinnt.

Lösung 5.25 Ionenaustauscher sind wasserunlösliche, feste Stoffe, die unerwünschte Ionen aus dem Wasser entfernen und an deren Stelle andere „harmlose“ Ionen in das Wasser entlassen. Kationenaustauscher werden typischerweise durch starke Säuren bzw. Anionenaustauscher durch starke Basen regeneriert.

Lösung 5.26 Sparbeizen sind meist Säuren, die Inhibitoren zum Schutz des Metalls enthalten und dienen zur Ablösung von Ablagerungen auf dem Metall (Kesselstein) ohne dass das Metall dabei angegriffen wird.

Lösung 5.27 Die konzentrierte Schwefelsäure in dünnem Strahl unter ständigem Umrühren in ausreichende Mengen Wasser gießen (nie umgekehrt Wasser in die Säure): „Erst das Wasser, dann die Säure, sonst geschieht das Ungeheure“; Schutzbrille tragen!

Lösung 5.28 $K_4[Fe(CN)_6]$ = Kaliumhexacyanoferrat(II) = gelbes Blutlaugensalz; $K_3[Fe(CN)_6]$ = Kaliumhexacyanoferrat(III) = rotes Blutlaugensalz.

Lösung 5.29

a) $K_p = \dfrac{p_{CH_3OH}}{p^2_{H_2} \cdot p_{CO}}$

b) Dies ist eine exotherme Reaktion mit Molekülzahlverringerung; so verschiebt sich nach dem Prinzip des kleinsten Zwanges das Gleichgewicht mit steigender Temperatur nach links und mit steigendem Druck nach rechts → für hohe Ausbeute sollte T tief und p hoch sein!

Lösung 5.30

a) $K_p = \dfrac{p^2_{SO_2} \cdot p^2_{H_2O}}{p^2_{H_2S} \cdot p^3_{O_2}}$

b) Dies ist eine exotherme Reaktion mit Molekülzahlverringerung. Nach dem Prinzip des kleinsten Zwanges sollte der Druck möglichst hoch, die Temperatur möglichst tief und die Konzentration der Edukte hoch und die der Produkte tief sein (Produktentnahme).

Lösung 5.31 $2CO + O_2 \rightleftarrows 2CO_2$; exotherme Reaktion mit Molekülzahlverringerung; Begründung für a)–c): Prinzip des kleinsten Zwanges.

a) Wenn die O_2-Konzentration erhöht wird, nimmt die CO-Konzentration ab;
b) wenn T verringert wird, wird die CO-Konzentration kleiner (exotherme Reaktion);
c) wenn p vergrößert wird, wird die CO-Konzentration kleiner (Reaktion mit Molekülzahlverringerung).

Lösung 5.32 Die „Wassergas"-Gleichgewichtsreaktion lautet: $H_2O + CO \rightleftarrows H_2 + CO_2$

Lösung 5.33 Es wird aus Wasserstoff und Stickstoff durch eine katalytische Hochdrucksynthese hergestellt:

$$3H_2 + N_2 \rightleftarrows 2NH_3$$

sogenannte Haber-Bosch-Synthese (siehe Abschn. 5.5.1.1 im Lehrbuch).

Lösung 5.34 Durch Dampfreforming von Erdgas (oder anderen Kohlenwasserstoffverbindungen) und anschließende Wassergasreaktion (siehe Abschn. 5.5.1.2 und 5.5.1.3 im Lehrbuch):

$$CH_4 + H_2O \rightleftarrows CO + 3H_2$$
$$CO + H_2O \rightleftarrows CO_2 + H_2$$

Lösung 5.35 Die heißeste reduzierende Stelle befindet sich einige Millimeter oberhalb des blaugrün umsäumten Innenkegels. Die heißeste oxidierende Stelle liegt seitlich, am äußeren Rand der Flamme.

Lösung 5.36 Sie übersteigt diese Temperatur nicht wegen der sich einstellenden Gasgleichgewichte. Dabei verbrauchen die endothermen Teilreaktionen einen erheblichen Teil der Reaktionsenergie.

Lösung 5.37 Nach Langmuir werden an der Oberfläche des Festkörpers Stoffe so lange adsorbiert, bis diese vollständig von einer monomolekularen Schicht des betreffenden Stoffes besetzt ist. Bei kleinen Konzentrationen erhält man eine Proportionalität zwischen Konzentration und adsorbierter Menge; bei sehr großen Konzentrationen wird Sättigung erreicht, und die adsorbierte Menge bleibt mit zunehmender Konzentration konstant.

Lösung 5.38 Die Gleichung für das Boudouard-Gleichgewicht lautet:

$$CO_2 + C \rightleftarrows 2CO \quad \Delta H^\circ = +172{,}2\,\text{kJ}$$

Diese endotherme Reaktion spielt eine wichtige Rolle bei Verbrennungsprozessen (siehe Aufgabe 5.39) und im Hochofen zur Herstellung von Roheisen.

Lösung 5.39 Wie aus der Gleichung in Aufgabe 5.38 ersichtlich, handelt es sich beim Boudouard-Gleichgewicht um eine *endotherme Reaktion* mit *Erhöhung der Molekülzahl* für die gasförmigen Komponenten (CO_2, CO). Die Reaktionen im Ottomotor laufen – Vergleich zum Dieselmotor – tendenziell bei niedrigerem Höchstdruck und höherer Temperatur ab. Nach dem Prinzip von Le Chatelier bedeutet dies, dass bei dieser Gleichgewichtsreaktion die rechte Seite begünstigt wird, also vergleichsweise mehr CO entsteht. Für den Dieselmotor wird entsprechend die linke Seite begünstigt und damit die Entstehung von festem Kohlenstoff (Ruß).

Lösung 5.40 Der Heß'sche Satz besagt, dass die Reaktionsenthalpie nur vom Anfangs- und Endzustand einer chemischen Reaktion abhängt und nicht vom Reaktionsverlauf. Hiermit können Reaktionsenthalpien bestimmt werden, die experimentell nicht direkt gemessen werden können.

Lösung 5.41 Chromatografie ist ein Verfahren, bei dem infolge unterschiedlicher Wechselwirkung (Adsorption durch eine stationäre Phase) gelöste oder gasförmige Stoffe von einem Schleppmittel unterschiedlicher Wanderungsgeschwindigkeit über das stationäre Trägermaterial bewegt werden. Die Chromatografie dient dabei zur (analytischen) Auftrennung von Stoffgemischen. Man unterscheidet zwischen Flüssigkeitschromatografie (realisiert als Säulen-, Dünnschicht- oder Papierchromatografie), wobei das Schleppmittel eine Flüssigkeit ist, und Gaschromatografie, wobei das Schleppmittel ein Gas ist.

Lösung 5.42 Begründung: siehe unten.

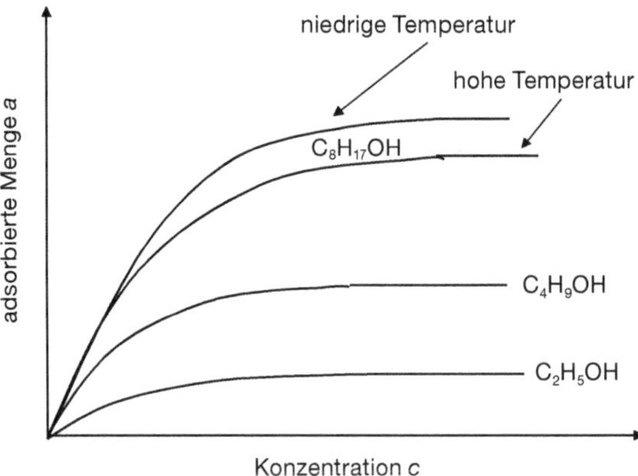

a) Alle drei Stoffe sind Alkohole und besitzen eine polare OH-Gruppe. Der Rest ist jeweils eine *unpolare* Kohlenwasserstoffgruppe. Je nach Größe der unpolaren Kohlenwasserstoffgruppen haben die drei Stoffe insgesamt unterschiedliche Polarität; Reihenfolge nach zunehmender Polarität:

$$C_8H_{17}OH < C_4H_9OH < C_2H_5OH$$

Nach dem Prinzip „Gleiches adsorbiert Gleiches" werden von der *unpolaren* Aktivkohle bevorzugt *unpolare* Stoffe adsorbiert. Deshalb steigt die Höhe der Adsorptionskurven in folgender Reihenfolge:

$$C_2H_5OH < C_4H_9OH < C_8H_{17}OH$$

b) Dies kann thermodynamisch begründet werden. Bei Adsorptionsgleichgewichten handelt es sich um einen exothermen Vorgang; somit wird die Desorption bei höherer Temperatur begünstigt (Prinzip von Le Chatelier, siehe Abschn. 5.5.1 im Lehrbuch).

A.6
Antworten zu *Die Elemente*

Lösung 6.1 Sie unterscheiden sich durch die elektrische Leitfähigkeit. Metalle haben hohe, Nichtmetalle äußerst geringe und Halbmetalle weisen schwache elektrische Leitfähigkeit auf.

Lösung 6.2 Dies sind die Erhöhung der Effizienz bei der Verwendung von Rohstoffen durch Materialeinsparung und Recycling sowie die Substitution knapper Rohstoffe durch reichlich vorhandene.

Lösung 6.3 Die drei Ordnungen von Ressourcen sind 1) Wissen (erster Ordnung), 2) Infrastruktur (zweiter Ordnung), 3) Rohstoffe (dritter Ordnung), siehe Abschn. 6.1.2 im Lehrbuch.

Lösung 6.4 Prinzipielle Möglichkeiten zur Elementumwandlung: 1) einfache Kernreaktionen, 2) Kernzersplitterung, 3) Kernspaltung, 4) Kernfusion.

Lösung 6.5

a) Nach der C 14-Methode (siehe Abschn. 6.1.3.1 im Lehrbuch). Dieses radioaktive Kohlenstoffisotop bildet sich in der Atmosphäre durch kosmische Strahlung und gelangt über die Fotosynthese und die Nahrungsaufnahme in die Organismen. Aufgrund der ständigen Zu- und Abfuhr an C 14 haben alle Lebewesen in ihrem Gewebe ein konstantes Verhältnis C 14 zu C 12. Wenn ein Lebewesen stirbt, tauscht es keinen Kohlenstoff mehr mit der Umgebung aus und durch den Zerfall des C 14 nimmt das Verhältnis C 14 zu C 12 ab. Dies erlaubt eine Altersbestimmung von Geweben in einer Zeitspanne von 400–30 000 Jahren.
b) Die Tritiumuhr ist eine Messmöglichkeit (aufgrund des Tritiumgehaltes von Wasser) zur Bestimmung des Zeitpunktes, wann sich Wasser vom atmosphärischen Wasser abgetrennt hat (Altersbestimmung von Grundwasser, Wein). Im atmosphärischen Wasser hat sich ein Gleichgewicht eingestellt, indem durch kosmische Strahlung gerade soviel Tritium neu gebildet wird, wie durch radioaktiven Zerfall verschwindet. Dies erlaubt Altersbestimmungen von bis zu etwa 50 Jahren.

Lösung 6.6 Berechnung der Energie durch Berechnung des Massendefekts unter Verwendung der Einstein-Beziehung $E = m \cdot c^2$ (siehe Abschn. 2.6.2 im Lehrbuch). Massendefekt pro Atomkern:

$$\begin{aligned}
\Delta m &= m(\text{U }235) + m(n) - m(\text{Ba }141) - m(\text{Kr }92) - 3 \cdot m(n)\\
&= \Delta m = 3{,}903 \cdot 10^{-25}\,\text{kg} + 1{,}674\,92 \cdot 10^{-27}\,\text{kg} - 2{,}3399 \cdot 10^{-25}\,\text{kg}\\
&\quad - 1{,}5264 \cdot 10^{-25}\,\text{kg} - 3 \cdot 1{,}674\,92 \cdot 10^{-27}\\
&= 3{,}2 \cdot 10^{-28}\,\text{kg}
\end{aligned}$$

Berechnung der freigesetzten Energie pro Atomkern mit $E = m \cdot c^2$:

$$E_{\text{AK}} = 3{,}2 \cdot 10^{-28}\,\text{kg} \cdot (3 \cdot 10^8)^2\,\text{m}^2/\text{s}^2 = 2{,}88 \cdot 10^{-11}\,\text{J/AK}$$

Berechnung der freigesetzten Energie pro kg Uran:

$$E_U = E_{AK} \cdot \frac{N_A}{M_U} = 2{,}88 \cdot 10^{-11}\,\mathrm{J/AK} \cdot \frac{6{,}02 \cdot 10^{23}\,\mathrm{AK/mol}}{0{,}235\,\mathrm{kg/mol}} = 7{,}38 \cdot 10^{13}\,\mathrm{J}$$
$$= 2{,}05 \cdot 10^{7}\,\mathrm{kWh}$$

Lösung 6.7 Dies ist eine Kernreaktion, bei der „leichte" Atomkerne zu einem neuen Kern „verschmelzen"; so verschmelzen in der Sonne Wasserstoffkerne zu Heliumkernen.

Lösung 6.8 Der industrielle Wasserstoff wird meist durch Dampfreforming (siehe Frage 5.34) und anschließende Wassergasreaktion oder auch zu einem geringen Anteil durch Chlor-Alkali-Elektrolyse hergestellt (siehe Abschn. 10.4.2 im Lehrbuch). Im Labor lassen sich kleine Mengen Wasserstoff durch Reaktion von unedlen Metallen mit Säuren herstellen (z. B. $Zn + 2HCl \rightarrow H_2 + ZnCl_2$).

Lösung 6.9 Bei Halogenlampen wird durch Zugabe von Halogen (meist Iod) in den Gasraum dafür gesorgt, dass das Wolframmetall wieder auf dem Wolframfaden abgeschieden wird. Somit kann es sich nicht auf dem Glas niederschlagen, wodurch die Lichtausbeute im Vergleich zu üblichen Glühbirnen gesteigert wird.

Lösung 6.10 Nur die Elemente der zweiten Periode können Doppelbindungen mit ihren p-Elektronen eingehen.

Lösung 6.11 Die S_8-Ringe des Schwefels brechen auf und vereinigen sich zu langen Molekülketten. Beim „Abschrecken" in kaltem Wasser bleiben die Molekülketten erhalten, der Schwefel wird dadurch kautschukartig.

Lösung 6.12 Durch Anwendung sehr hoher Drücke und Temperaturen (ca. 60 kbar, 1500 °C).

Lösung 6.13 Diamagnetische Stoffe werden aus einem Magnetfeld hinausgedrängt, das Magnetfeld wird durch sie abgeschwächt. Paramagnetische Stoffe hingegen werden in ein Magnetfeld hineingezogen, das magnetische Feld wird durch sie verstärkt. Bei ferromagnetischen Stoffen ist dieser Effekt (des Hineinziehens in das Magnetfeld und Verstärkung der Feldlinien) besonders stark ausgeprägt. Paramagnetische und ferromagnetische Stoffe haben ungepaarte Elektronen, während bei den diamagnetischen Stoffen die Elektronen zu Paaren zusammengeschlossen sind, wodurch sich die (para)magnetischen Eigenschaften der Elektronenspinmomente gegenseitig aufheben.

Lösung 6.14 Bei bindenden Elektronen liegt das Energieniveau im Molekül tiefer als in den (isolierten) Atomen, die Elektronen wirken deshalb bindend. Bei den antibindenden Elektronen haben die Molekülorbitale höhere Energieniveaus als die Atomorbitale. Deshalb drängen die Elektronen aus der Bindung hinaus und wirken „antibindend".

Lösung 6.15 Hier ergibt die Kombination von zwei Elektronen in einem bindenden Orbital und einem Elektron in einem antibindenden Orbital insgesamt eine bindende Resultierende.

Lösung 6.16 Man nutzt hierbei die paramagnetische Eigenschaft des Sauerstoffmoleküls aus.

Lösung 6.17 Flüssiger und unter Druck stehender Sauerstoff darf nicht mit brennbaren Stoffen, Fetten, Ölen oder Glycerin (z. B. als Schmiermittel) in Berührung kommen.

Lösung 6.18 Die Bindungsverhältnisse beim Ozon (O_3) lassen sich durch Grenzstrukturen (Resonanzstruktur) beschreiben:

Lösung 6.19 Argon ist das am häufigsten vorkommende und preisgünstigste Edelgas. Es wird meist als Schutzgas zum Schweißen verwendet.

Lösung 6.20 Polymorphie bedeutet, dass ein Element (oder eine Verbindung) in mehreren kristallinen Modifikationen auftreten kann.

Lösung 6.21 Die *Diamantmodifikation* zeigt im Gitteraufbau starke kovalente Bindungen nach allen Richtungen (daher große Härte). Die Bindungselektronen gehören jeweils immer nur zwei Atomen an und können nicht im Gitter verschoben werden (daher elektrischer Isolator). Bei der *Grafitmodifikation* liegt pro Kohlenstoffatom jeweils ein in der Schichtebene frei bewegliches Elektron vor (sogenannte delokalisierte Elektronen), wodurch die elektrische Leitfähigkeit möglich ist. Die einzelnen Schichtebenen sind miteinander nur durch schwache Van-der-Waals-Kräfte verbunden, sie können also bei mechanischer Beanspruchung übereinandergleiten (weicher Stoff, Schmiereigenschaften des Grafits).

Lösung 6.22 Fullerene sind C_{60}-Kohlenstoffmoleküle mit Hohlkugelgestalt. Sie werden wegen ihrer Form auch als „Fußballmoleküle" bezeichnet.

Lösung 6.23 Dies sind mikroskopisch kleine, röhrenförmige Kohlenstoffverbindungen, deren Wände wie die Ebenen des Grafits nur aus Kohlenstoffatomen bestehen. Der Durchmesser liegt im Bereich von 1–50 nm. Sie besitzen hohe mechanische Stabilität, da die Atome durch kovalente Bindungen zusammengehalten werden.

Lösung 6.24 Aktivkohle verwendet man zur Entfernung von giftigen oder störenden unpolaren Stoffen aus Flüssigkeiten oder Gasen. Diese Stoff werden durch Van-der-Waals-Kräfte an der unpolaren Oberfläche der Aktivkohle gebunden.

Lösung 6.25 Kohlenstoffglas wird durch Erhitzen von vernetzten Kunststoffen unter Stickstoffatmosphäre hergestellt und besitzt eine grafitähnliche Struktur.

Lösung 6.26 Durch Reduktion von SiO_2 mit Kohlenstoff bei 2000 °C: $SiO_2 + 2C \rightarrow Si + 2CO$

Lösung 6.27 Energiebänder statt scharf begrenzter Energieniveaus werden zur Beschreibung der elektrischen Leitfähigkeit in festen Stoffen verwendet. In diesem Fall weiten sich die Elektronenenergieniveaus durch die Wechselwirkung sehr vieler Atome mit ihren Bindungselektronen zu Energiebändern aus.

Lösung 6.28 Im Energiebereich der verbotenen Zone sind Elektronen nicht existenzfähig, d. h., sie können im Atom keine Materiewelle ausbilden.

Lösung 6.29 Isolatoren haben eine breite, Halbleiter eine schmale verbotene Zone. Bei Metallen ist das oberste Energieband nicht vollständig mit Elektronen besetzt oder es überlappen sich Valenz- und Leitungsband (Metalle haben keine verbotene Zone). Beim Anlegen einer Spannung können sich die Elektronen innerhalb solcher nur teilweise gefüllter Valenzbänder oder innerhalb von solchen gemeinsamen Valenz- und Leitungsbändern frei bewegen.

Lösung 6.30 Störstellenhalbleiter haben innerhalb der verbotenen Zone noch die diskreten Energieniveaus der Störstellen-Fremdatome, welche bei den Eigenhalbleitern nicht vorhanden sind.

Lösung 6.31

a) Elektronenübergänge bei Energiezufuhr in Siliciumhalbleitern:
   1) n-dotierte: vom Donatorniveau zum Leitungsband,
   2) p-dotierte: vom Valenzband zum Akzeptorniveau;
b) die Leitung der Elektronen erfolgt:
   1) n-dotierte: im Leitungsband,
   2) p-dotierte: im Valenzband.

Lösung 6.32 Dies kann durch das Mischungsverhältnis von Ga und As erreicht werden. Ga besitzt drei Außenelektronen (3. Hauptgruppe); As besitzt fünf Außenelektronen (5. Hauptgruppe) → viel As, wenig Ga: n-Leiter; viel Ga, wenig As: p-Leiter.

Lösung 6.33 Beide Verfahren dienen zur Reinigung und zur Herstellung von Einkristallen (z. B. bei Silicium). Beim Zonenschmelzen wird eine schmale geschmolzene Zone langsam durch einen Stab des zu reinigenden Materials gezogen. Die Verunreinigungen lösen sich bevorzugt in der Schmelze und können entfernt werden. Beim Tiegelziehen wird das Material aufgeschmolzen und ein Impfkristall langsam unter Rotation herausgezogen und erstarrt zu einem Einkristall.

Lösung 6.34 Eine elektrische Leitfähigkeit von Metalloxiden (Halbleitereigenschaften) wird hervorgerufen oder begünstigt dadurch, dass

1. Metalle mit mehreren Oxidationszahlen auftreten können,
2. Störstellen im Gitterbau vorhanden sind,
3. Fremdatome im Gitter eingebaut sind.

Lösung 6.35 Die elektrische Leitfähigkeit nimmt mit zunehmender Temperatur bei Halbleitern zu, da mit steigender Temperatur mehr Elektronen ins Leitungsband gelangen. Bei Metallen nimmt die elektrische Leitfähigkeit ab, da die bei höherer Temperatur stärkeren Gitterschwingungen der Metallatome die Elektronenbewegung behindern.

Lösung 6.36 Infolge der Anlagerung der Gasmoleküle auf der Oberfläche der Halbleiter erhöht oder verringert sich die Oberflächenleitfähigkeit, je nachdem, ob dabei freie Elektronen erzeugt (durch reduzierend wirkende Gase) oder entfernt (durch oxidierend wirkende Gase) werden.

Lösung 6.37 Metalle liegen in Metallerzen typischerweise als Kationen vor und müssen daher reduziert werden. Zur Reduktion können prinzipiell chemische Reduktionsmittel oder elektrische Energie (Elektrolyse an Kathode) eingesetzt werden. Zur chemischen Reduktion wird meist preisgünstige Kohle oder Koks verwendet. In seltenen Fällen wird auch Aluminium als unedles Metall eingesetzt. Beispiel: Gewinnung von Eisen aus Eisenoxid im Hochofen. Unedle Metalle werden durch Schmelzflusselektrolyse gewonnen. Beispiel: Gewinnung von Aluminium aus Aluminiumoxid.

Lösung 6.38 Wichtige metallische Eigenschaften sind: gute Leitfähigkeit für Elektrizität und für Wärme, die elektrische Leitfähigkeit sinkt mit zunehmender Temperatur, Metallglanz und plastische Verformbarkeit.

Lösung 6.39 Für die Reaktivität der Alkalimetalle ist das Valenzelektron in der äußeren Schale verantwortlich, welches relativ leicht abgegeben wird. Mit zunehmender Ordnungszahl nimmt die Zahl der Elektronenschalen zu, und das äußere Elektron wird – wegen der zunehmenden Abschirmung durch die inneren Schalen – weniger fest an den (positiven) Atomkern gebunden, sodass es leichter abgegeben wird. Dies zeigt sich bei den Alkalimetallen auch in der mit zunehmender Ordnungszahl abnehmenden Ionisierungsenergie (siehe Abb. 1.7 im Lehrbuch).

Lösung 6.40 Durch Verletzung der Oxidschicht oder durch Frittung („Durchschlagen“ durch die Oxidschicht bei höherer Spannung).

Lösung 6.41 Unter Supraleitfähigkeit versteht man die verlustlose Leitung von elektrischem Gleichstrom. Unterhalb der Sprungtemperatur fällt dabei der elektrische Widerstand bei supraleitenden Metallen sprunghaft auf null ab.

Lösung 6.42 Weil bei Metallen die Wärmeleitfähigkeit ebenso wie die elektrische Leitfähigkeit durch die sehr starke Beweglichkeit der Elektronen im Metallgitter verursacht wird.

Lösung 6.43 Bei Metallen werden während des Verformungsvorganges die Metallionen im Gitter durch das Elektronengas zusammengehalten, während bei den Salzen sich die gleichartig geladenen Ionen gegenseitig abstoßen und deswegen der Ionenkristall auseinanderbricht.

Lösung 6.44 Möglichkeit zur Einteilung der Metalle:

- nach der Dichte: Leichtmetalle $< 4–5\,g/cm^3 <$ Schwermetalle,
- nach der Oxidierbarkeit: unedle Metalle (leicht oxidierbar) und edle Metalle (schwer oxidierbar),
- nach den Gruppen im Periodensystem,
- in reine Metalle und Legierungen.

Lösung 6.45

a) Eutektische Legierungen: Zwei oder mehrere Metalle kristallisieren in eigenen, kleinsten Kristalliten mit verschiedenen Gittern.
b) Mischkristalllegierungen: Metalle sind im festen Zustand unbegrenzt ineinander löslich und bilden ein gemeinsames Kristallgitter.
c) Intermetallische Verbindungen: Zwei Metalle bilden genau definierte, durch einfache Zahlenverhältnisse ausdrückbare Verbindungen, die sich in den Eigenschaften wie reine Metalle verhalten.

Lösung 6.46
Siehe auch Abb. 6.19 im Lehrbuch.

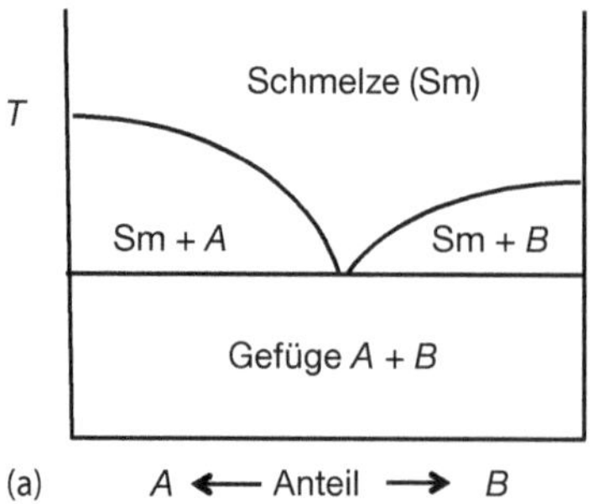

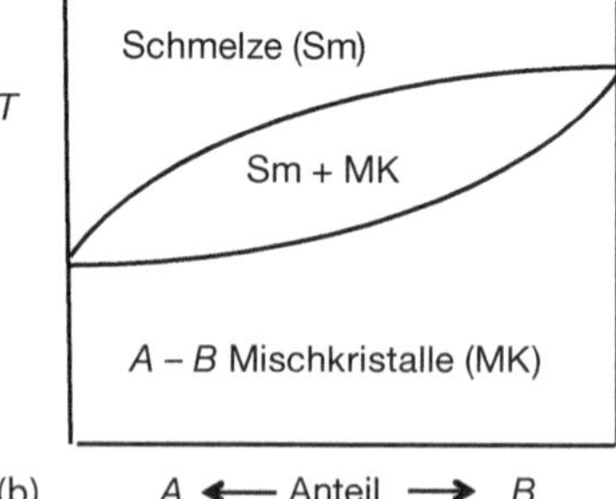

a) In der Schmelze sind beide Metalle miteinander mischbar, aber im festen Zustand besteht die Legierung aus fest miteinander verbunden Kristalliten der reinen Metalle. Der Schmelzpunkt der Mischung liegt tiefer als die Schmelzpunkte der reinen Metalle. Am eutektischen Punkt ist der Schmelzpunkt am niedrigsten (eutektisches Gemisch).
b) Hier sind die Metalle sowohl in der Schmelze als auch im festen Zustand vollständig mischbar. Der Schmelzpunkt der Mischung liegt zwischen den Schmelzpunkten der beiden Metalle.

Lösung 6.47 Messing = Kupfer-Zink-Legierung; Bronze = Kupfer-Zinn-Legierung.

Lösung 6.48 Das Gold löst sich im flüssigen Quecksilber und bildet ein Amalgam. Durch Verdampfen des Quecksilbers kann dann das gereinigte Gold erhalten werden. Durch die Verwendung von hoch giftigem Quecksilber in offenen Gefäßen gelangt es in die Umwelt und kontaminiert Böden und Wasser. Es kann so in die Nahrungskette gelangen.

Lösung 6.49 Bei Temperaturen unter 13,2 °C kann sich das metallisch β-Zinn in das halbmetallische α-Zinn umwandeln. Dabei wird das ursprüngliche Metallgefüge zerstört und es bildet sich das graue, pulvrige α-Zinn. Dies kann zur Zerstörung von Orgelpfeifen in unbeheizten Kirchen führen.

Lösung 6.50 Innerhalb der sechsten Periode bei den Lanthanoiden wird zunächst die N-Schale mit f-Elektronen aufgefüllt (siehe Abb. 1.6 im Lehrbuch). Die anziehende Wirkung der Kernladung auf die 4f-Elektronen wird nur unvollständig durch die anderen Außenelektronen abgeschirmt. Deshalb führt die zunehmende Kernladung (mit steigender Ordnungszahl) zu einer engeren Bindung der Außenelektronen, und somit verkleinert sich der Radius. Daher weisen die hinter den Lanthanoiden stehenden Elemente wie z. B. Gold sehr hohe Dichten auf. Außerdem sind die Atomradien der 6d-Elemente (Hafnium bis Quecksilber) fast gleich wie die der 5d-Elemente (Zirkonium bis Cadmium).

Lösung 6.51 Graphen ist eine Modifikation des Kohlenstoffs mit zweidimensionaler Struktur und kann als einlagige Schicht von Grafit betrachtet werden. Graphen besitzt in Schichtrichtung eine sehr hohe Festigkeit. Sein Elastizitätsmodul ist fast so groß wie das von Diamant und seine Zugfestigkeit ist 125-mal größer als von Stahl. Zudem ist es ein sehr guter zweidimensionaler Leiter für elektrischen Strom.

Lösung 6.52 Palladium kann das 3000fache seines Volumens an Wasserstoff lösen und dieser kann aufgrund seiner geringen Größe praktisch ungehindert durch die Zwischengitterplätze im Kristallgitter wandern. Da alle anderen Gase durch das Blech zurückgehalten werden, kann dieser Effekt zur Abtrennung bzw. Herstellung von reinem Wasserstoff genutzt werden.

Lösung 6.53 Edelmetalle haben nur eine geringe Neigung, Elektronen an einen Reaktionspartner abzugeben, da die s-Orbital-Außenelektronen durch eine relativ hohe Kernladungszahl ziemlich fest an den Kern gebunden werden (siehe auch Abschn. 6.5.10 im Lehrbuch).

Lösung 6.54 Oberhalb des Curie-Punktes verliert Eisen den Ferromagnetismus. Es ist dann lediglich paramagnetisch.

Lösung 6.55 Ferrit ist fast reines Eisen, es enthält sehr geringe Mengen Kohlenstoff (α-Mischkristalle).
Zementit ist Eisencarbid mit der Formel Fe_3C, aufzufassen als intermetallische Verbindung.
Perlit ist ein Stahlgefüge aus Ferrit und Zementit.
Ledeburit ist ein eutektisches Gemisch aus Zementit und Perlit.

Lösung 6.56 Chrom gehört zu den wichtigsten Legierungsbestandteilen von rostfreien Stählen. Stähle mit mehr als 12 % Chrom bilden eine passivierende Grenzschicht, die den Stahl gegen Korrosionsangriffen schützt. Nickel trägt ab einem Anteil von 8 % auch zur Korrosionsbeständigkeit bei. Durch den Zusatz von Silicium wird das Korrosionsverhalten zusätzlich verbessert, da sich eine Schutzschicht aus SiO_2 bildet.

Lösung 6.57 Beim raschen Abkühlen von Stahl (z. B. Abschrecken in Wasser nach dem Glühen) kann nach Umklappen des kubisch-flächenzentrierten Gitters vom γ-Eisen in das kubisch-raumzentrierte Gitter des α-Eisens der im Letzteren weniger lösliche Kohlenstoff nicht so schnell hinausdiffundieren. Er bleibt im kubisch-raumzentrierten Gitter des α-Eisens eingepfercht und verursacht dort innere Spannungen sowie eine geringfügige Aufweitung des Gitters und damit verbunden eine sehr große Härte und Sprödigkeit des (gehärteten) Stahles. Er wird Martensit genannt.

Lösung 6.58 Grauguss bildet sich, wenn sich beim Abkühlen einer Eisen-Kohlenstoff-Schmelze nicht Zementit, sondern Grafit abscheidet. Grauguss ist ein spröder Werkstoff mit guter Formsteifigkeit. Seine Name stammt vom grauen Aussehen an den Bruchstellen.

Lösung 6.59 Raney-Nickel wird aus einer Legierung von 30 % Nickel und 70 % Aluminium hergestellt. Durch Herauslösen des Aluminiums mithilfe von Lauge entsteht ein Material mit poröser Struktur. Es wird aufgrund seiner großen Oberfläche als technischer Katalysator eingesetzt (z. B. zur Reduktion von organischen Stoffen mit Mehrfachbindungen, wie Alkene oder Alkine).

Lösung 6.60 Dies sind Uran und Thorium.

Lösung 6.61 Zum Abbremsen (Verringern der Geschwindigkeit) von Neutronen.

Lösung 6.62 Die kritische Masse ist diejenige Menge an spaltbarem Material, wo – abhängig u. a. auch von der geometrischen Anordnung – der Neutronenstrom weder ab- noch zunimmt, sondern wo gerade so viele Neutronen durch Kernspaltungen neu entstehen, dass die Anzahl der durch sie hervorgerufenen Atomspaltungen konstant bleibt.

A.7
Antworten zu *Anorganische Verbindungen*

Lösung 7.1 Metallhydride sind Wasserstoffverbindungen. Man unterscheidet salzartige Metallhydride und Einlagerungsmetallhydride. Einlagerungsmetallhydride werden als Speicher für Wasserstoffgas und in Nickel-Metallhydrid-Akkus verwendet.

Lösung 7.2 H_2O ist gewinkelt; NH_3 ist pyramidal; CH_4 hat Tetraederstruktur:

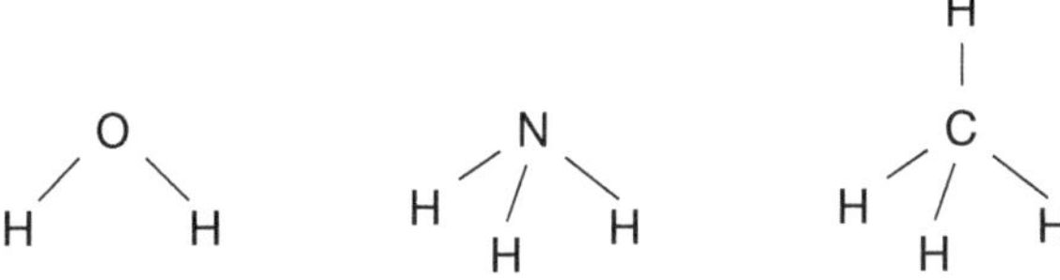

Lösung 7.3

a) Der sehr hohe Schmelz- und Siedepunkt, da sich die H_2O-Moleküle durch Wasserstoffbrücken zu größeren Aggregaten zusammenlagern und dadurch einen höheren Schmelz- und Siedepunkt verursachen,
b) die Ausdehnung des Wassers beim Gefrieren, da das Eis aufgrund der stark gerichteten Wasserstoffbrücken zwischen den H_2O-Molekülen ein sehr voluminöses Kristallgitter bildet,
c) die hohe Dielektrizitätskonstante, da die durch Wasserstoffbrücken zusammengelagerten Wassermoleküle ein größeres Dipolmoment haben als einzelne Wassermoleküle,
d) Wasser ist geringfügig in Ionen dissoziiert; in Oxoniumionen H_3O^+ und Hydroxidionen OH^-.

Lösung 7.4 Bei 4 °C.

Lösung 7.5 Oxoniumionen (Hydroniumionen): H_3O^+; Hydroxidionen: OH^-.

Lösung 7.6 Da es bei der Oxidation keine umweltkritischen Verbindungen bildet. Früher wurde häufig Chlor eingesetzt. Durch die Reaktion mit Chlor als Oxidationsmittel können sich aber toxische chlororganische Verbindungen bilden.

Lösung 7.7 Wasserstoffperoxid wird heute üblicherweise durch Reaktion mithilfe der organischen Substanz Anthrachinon hergestellt:
Hierbei wird im ersten Schritt das Anthrachinon katalytisch hydriert (d. h., mit gasförmigem Wasserstoff umgesetzt):

$$A + H_2 \rightarrow AH_2$$

Im zweiten Schritt wird die Verbindung mit Luftsauerstoff zu Wasserstoffperoxid und Anthrachinon umgesetzt:

$$AH_2 + O_2 \rightarrow A + H_2O_2$$

Das Anthrachinon kann erneut eingesetzt und somit im Kreislauf geführt werden.

Lösung 7.8

$$HCl + H_2O \rightarrow H_3O^+ + Cl^-$$

Es handelt sich um eine Säure-Base-Reaktion. Dabei gibt die Säure HCl ein Proton an ein Wassermolekül (Base) ab.

Lösung 7.9 Salzsäure ist eine wässrige Lösung von Chlorwasserstoff.

Lösung 7.10 Ammoniak wird von Wasser – aufgrund seiner hohen Löslichkeit – rasch absorbiert. Dabei dissoziiert es schwach in Ammoniumionen und Hydroxidionen:

$$NH_3 + H_2O \rightarrow NH_4^+ + OH^-$$

Dies wird in der Technik ausgenutzt zur Entfernung oder Niederschlagung von Ammoniakgas aus Luft.

Lösung 7.11 Sauerstoff kann mit Hydrazin entfernt werden: $N_2H_4 + O_2 \rightarrow N_2 + 2H_2O$

Lösung 7.12 Sie lauten: Calciumchlorid $CaCl_2$ und Calciumsulfid CaS.

Lösung 7.13 Kohlenmonoxid, CO → stark giftig; Kohlendioxid, CO_2 → nur in großen Konzentrationen ein Atemgift.

Lösung 7.14 Stickstoffmonoxid NO ist ein farbloses, giftiges Gas; Stickstoffdioxid NO_2 ist ein braunes, giftiges Gas; Distickstoffmonoxid N_2O ist ein farbloses Gas, welches als Narkosemittel und Treibgas für Schlagsahne verwendet wird. NO und NO_2 tragen insbesondere im Sommer zur Smogbildung bei (siehe Frage 7.17).

Lösung 7.15 Die Reaktionsgleichung lautet:

$$\overset{-3}{N}H_4\overset{+5}{N}O_3 \rightarrow \overset{+1}{N}_2O + 2H_2O$$

Es handelt sich um eine Redoxreaktion, da sich die Oxidationszahl des Stickstoffs ändert.

Lösung 7.16 Das N_2O-Molekül hat im Gegensatz zum CO_2-Molekül eine unsymmetrische Struktur und lässt sich auch nicht durch eine einzige Lewis-Formel zeichnen, sondern es müssen zwei mesomere Grenzstrukturen angegeben werden (siehe auch Abschn. 5.4.1 im Lehrbuch), wobei aufgrund der höheren Elektronegativität des Sauerstoffs die Grenzstruktur mit einer Verschiebung der Elektronenladung hin zum Sauerstoff (mit höherer Elektronegativität) etwas höher gewichtet ist.

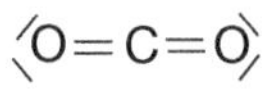

$$\overset{-}{N}=\overset{+}{N}=O \leftrightarrow |N\equiv\overset{+}{N}-\overset{-}{\underline{\overline{O}}}|$$

$$O=C=O$$

Lösung 7.17 Bei Schwefeldioxid SO_2 liegt die Hauptgefahr im Herbst und Winter, also in der nassen Jahreszeit, da sich saurer Regen oder saurer Nebel bilden kann („Wintersmog"). Bei Stickoxiden NO_x liegt die Hauptgefahr im Sommer, da durch starke Sonneneinstrahlung mit Sauerstoff Ozon gebildet wird („Los-Angeles-Smog").

Lösung 7.18 CO_2 bildet kleine, dreiatomige Moleküle und liegt deswegen unter Normalbedingungen als Gas vor. SiO_2 (Quarz) bildet räumlich vernetzte Kristallgitter und ist ein fester, hochschmelzender Stoff. Begründung: Kohlenstoff bildet als Element der zweiten Periode Doppelbindungen und darum kleine Moleküle. Silicium kann als Element der dritten Periode jedoch solche Doppelbindungen nicht bilden (Doppelbindungsregel) und weist deshalb eine räumliche Vernetzung auf.

Lösung 7.19 Piezoelektrizität von Quarz: Bei Anwendung von Druck laden sich die Kristallflächen von Quarz elektrisch auf, da sich durch die gerichtete Verformung mikroskopische Dipole in der Elementarzelle bilden (Verschiebung der Ladungsschwerpunkte). Umgekehrt lassen sich Quarzkristalle durch elektrische Wechselspannungen zu hochfrequenten, konstanten Resonanzschwingungen anregen.

Lösung 7.20 Quarzglas ist eine erstarrte Schmelze aus SiO_2 und ist deshalb amorph (klar und durchsichtig). Quarzgut ist ein Sinterprodukt aus SiO_2 und hat milchig-trübes bis seidenglänzendes Aussehen.

Lösung 7.21 Exsikkatoren sind (meist evakuierbare) Glasbehälter zum Trocknen von Substanzen im chemischen Labor. Sie werden mit Trocknungsmitteln wie Phosphorpentoxid, wasserfreies Calciumchlorid, Schwefelsäure oder Silicagel (Blaugel) ausgestattet.

Lösung 7.22 Dies sind SO_2 (Schwefeldioxid) sowie NO und NO_2 (Stickoxide).

Lösung 7.23 Im Chlorat (ClO_3^-) hat Chlor die Oxidationszahl +5 (Bestimmung von Oxidationszahlen, siehe Abschn. 4.4.4 im Lehrbuch). Das Element Fluor kann jedoch nicht mit der Oxidationszahl +5 vorkommen, da es das elektronegativste Element ist und damit in Verbindung mit Sauerstoff nur mit der Oxidationszahl −1 auftritt.

Lösung 7.24 Die wichtigsten Säuren mit Formeln (und Salznamen in Klammern): Schwefelsäure H_2SO_4 (Sulfat); schweflige Säure H_2SO_3 (Sulfit); Salpetersäure HNO_3 (Nitrat); salpetrige Säure HNO_2 (Nitrit); Kohlensäure H_2CO_3 (Carbonat).

Lösung 7.25

a) Salpetersäure: Herstellung von NO: $4NH_3 + 5O_2 \rightarrow 4NO + 6H_2O$; dann Umsetzung von NO mit O_2 und H_2O zu HNO_3.
b) Schwefelsäure: Herstellung von SO_2 (Verbrennung von S), dann Oxidation: $2SO_2 + O_2 \rightarrow 2SO_3$, dann Umsetzung mit H_2O zu H_2SO_4.

Lösung 7.26 Schwefeltrioxid wird industriell durch Oxidation von Schwefeldioxid hergestellt:

$$2SO_2 + O_2 \rightleftarrows 2SO_3 \quad \Delta H^\circ = -193\,\text{kJ}$$

Hierbei handelt es sich um eine exotherme Reaktion mit Verminderung der Molekülzahl (3 → 2). Um das Reaktionsgleichgewicht auf die Produktseite zu verschieben, ist nach dem Prinzip von Le Chatelier eine möglichst niedrige Temperatur erforderlich (da exotherme Reaktion) sowie ein möglichst niedriger Druck (da Verminderung der Molekülzahl). Für eine wirtschaftliche Produktion ist zur Erhöhung der Reaktionsgeschwindigkeit bei niedrigen Temperaturen der Einsatz eines Katalysators (hier Vanadiumpentoxid) unbedingt notwendig. Da der Druck möglichst gering sein muss, ist keine Hochdrucksynthese notwendig.

Lösung 7.27 Kondensierte Säuren können sich durch intermolekulare Wasserabspaltung aus Sauerstoffsäuren bilden. Eine bekannt kondensierte Säure ist die Dischwefelsäure, die durch Lösen von SO_3 in H_2SO_4 entsteht:

$$H_2SO_4 + SO_3 \rightarrow H_2S_2O_7$$

Formal kann die Bildung der Dischwefelsäure durch die Reaktion von zwei Schwefelsäuremolekülen durch intermolekulare Wasserabspaltung formuliert werden:

$$\mathrm{H{-}O{-}SO_2{-}O{-}H + H{-}O{-}SO_2{-}O{-}H \longrightarrow H{-}O{-}SO_2{-}O{-}SO_2{-}O{-}H + H_2O}$$

Lösung 7.28 Blaugel ist ein wasserfreies Silicagel und wird als Trocknungsmittel z. B. in Exsikkatoren (siehe Frage 7.21) verwendet. Silicagel ist eigentlich farblos. Damit man erkennt, dass dieses Trocknungsmittel noch wasseraufnahmefähig ist, enthält es ein Cobaltsalz, welches bei Abwesenheit von Wasser blau gefärbt ist. Blaugel kann durch schwaches Erhitzen auf Temperaturen wenig über 100 °C regeneriert werden.

Lösung 7.29 Natriumoxid (Na_2O), Kaliumoxid (K_2O) und Calciumoxid (CaO) (bzw. deren Hydroxide) ergeben, in Wasser gelöst, die starken Basen Natronlauge, Kalilauge und Kalkwasser, z. B.

$$Na_2O + H_2O \rightarrow 2NaOH$$

Lösung 7.30 Gelöschter Kalk ist $Ca(OH)_2$ und wird als Bindemittel für Baustoffe eingesetzt. Er wird durch Reaktion von Calciumoxid CaO mit Wasser hergestellt („gelöscht"):

$$CaO + H_2O \rightarrow Ca(OH)_2$$

Lösung 7.31 Amphotere Hydroxide können je nach pH-Wert die Funktion entweder einer Säure oder einer Base einnehmen.
Beispiel $Al(OH)_3$:

$$Al^{3+} + 3H_2O + 3Cl^- \xleftarrow{+3HCl} Al(OH)_3 \xrightarrow{+NaOH} Na^+ + [Al(OH)_4]^-$$

Lösung 7.32 Glas ist ein aus der Schmelze amorph erstarrtes Reaktionsprodukt aus sauren (hauptsächlich SiO_2) und basischen (häufig Na_2O und CaO) Oxiden.

Lösung 7.33

a) Verbund- oder Mehrschichtengläser: Zwei oder mehrere Glasschichten werden durch elastische Zwischenschichten zusammengehalten.
b) Einschichtsicherheitsgläser: Diese werden (durch rasches Abkühlen der Oberfläche) mit inneren Spannungen hergestellt. Sie zerspringen beim Zerbrechen in eine Vielzahl kleiner, meist stumpfkantiger Splitter (geringere Verletzungsgefahr!).

Lösung 7.34 Bei der sogenannten Glaskeramik wird eine Glasschmelze (Lithium-Alumosilicate) unter Zusatz von hochschmelzenden Keimbildnern (TiO_2, ZrO_2) gebildet und bei höherer Temperatur wärmebehandelt. Hierbei entstehen in eine Glasmatrix eingebettete Kristalle, wobei die Glasphase und die kristalline Phase ein feinkörniges Gefüge bilden. Glaskeramische Werkstoffe besitzen insbesondere einen sehr geringen Wärmeausdehnungskoeffizienten und haben deshalb eine hohe Temperaturwechselbeständigkeit.

Lösung 7.35 Als Molekularsiebe werden natürliche oder synthetische Zeolithe bezeichnet. Molekularsiebe besitzen Hohlräume mit genau definierten Öffnungen. Sie adsorbieren nur Moleküle bestimmter Größe und Art. Die so aus Stoffgemischen abgetrennten Molekülarten können anschließend aus den Molekularsieben durch Erhitzen oder Druckänderung desorbiert und damit (rein) gewonnen werden. Sie können beispielsweise zur Trocknung von Lösungsmitteln verwendet werden.

Lösung 7.36 Bei Al_2O_3 liegt eine Ionenbindung vor (Elektronegativitätsdifferenz zwischen Al und O = 2,0) und besitzt deshalb typische Eigenschaften von Ionenbindungen: hoher Schmelz- und Siedepunkt, Sprödigkeit, elektrische Leitfähigkeit in Schmelze.

Lösung 7.37 Es findet folgende Reaktion statt: $Ca(OH)_2 + CO_2 \rightarrow CaCO_3 + H_2O$

Lösung 7.38 Unter Sintern versteht man die Formgebung und Verdichtung eines Feststoffpulvers bei etwa 2/3–3/4 der absoluten Schmelztemperatur, wodurch sie oberflächlich miteinander verkleben und nach dem Abkühlen eine feste Masse bilden.

Lösung 7.39 Zement ist ein durch Brennen von Tonen und Kalkstein und anschließendes Zerkleinern gewonnenes Produkt, das nach Wasserzugabe unter Bildung von festen Calciumsilicat- und Calciumaluminat-Hydraten aushärtet. Beton ist ein Baustoff, bei dem Zement vor dem Aushärten mit Kies vermischt wurde.

Lösung 7.40 Gips ist Calciumsulfat, das durch (nicht allzu hohes) Erhitzen vom größten Teil seines Kristallwassers befreit wurde und nach Zugabe von Wasser unter Verfestigung wieder in das Hydrat der Formel $CaSO_4 \cdot 2H_2O$ übergeht (abbindet).

Lösung 7.41 Carbide sind Verbindungen des Kohlenstoffs mit Metallen oder Halbmetallen. Es gibt salzartige Carbide (z. B. Calciumcarbid CaC_2), Einlagerungscarbide (z. B. Zementit Fe_3C) und Carbide mit kovalenten Bindungen (z. B. Carborund, SiC).

Lösung 7.42 Nitride sind Verbindungen des Stickstoffs mit Metallen. Auch hier unterscheidet man salzartige Verbindungen (z. B. Mg_3N_2), Einlagerungsverbindungen (z. B. CrN) und solche mit kovalenten Bindungen (z. B. AlN).

Lösung 7.43 Keramische Werkstoffe sind hart, spröde, leiten den elektrischen Strom nur in Schmelze. Metalle sind zähelastisch, gute Leiter für elektrischen Strom und besitzen Metallglanz.

Lösung 7.44 Anorganische Verbindungen mit besonders hohen Schmelzpunkten und Fertigkeiten werden häufig im Gegensatz zu den „normalen" tonkeramischen Erzeugnissen (auch Silicatkeramik genannt, siehe Abschn. 7.2.5 im Lehrbuch) als oxidische Hochleistungskeramik bezeichnet. Diese Stoffe bestehen entweder aus Ionenbindungen, wenn eine hohe Elektronegativitätsdifferenz zwischen den Atomen vorhanden ist (siehe Abschn. 2.2 im Lehrbuch), oder es liegen kovalente Bindungen vor.

Lösung 7.45 Nanostrukturen können physikalische und chemische Eigenschaften besitzen, die man bei größeren Objekten nicht kennt, da hier ein sehr hohes Oberfläche-zu-Volumen-Verhältnis vorliegt. Außerdem spielen quantenphysikalische Effekte eine große Rolle.

Lösung 7.46 Die zu beschichtende Oberfläche wird in eine Dispersion mit Nanopartikeln eingetaucht (Solbad). Nach dem Herausnehmen wird die Oberfläche getrocknet und dabei vernetzen sich die Teilchen zu einem Gel. Die Oberfläche wird anschließend bei hohen Temperaturen gebrannt (Sinterung).

Lösung 7.47 Der Lotuseffekt tritt in der Natur bei Pflanzenoberflächen auf und bewirkt aufgrund der geringen Benetzung ein Abperlen der Wassertropfen. Nanostrukturierte Oberflächen weisen in ähnlicher Weise eine sehr geringe Benetzbarkeit auf und sind deshalb selbstreinigend.

Lösung 7.48 Nanostrukturiertes TiO_2 für UV-Schutz und Fotokatalyse; selbstreinigende nanostrukturierte Oberflächen für z. B. Fassadenanstriche, Autolacke; nanostrukturierte Schichten aus SiO_2 zum Entspiegeln von Glas.

A.8
Antworten zu *Organische Verbindungen*

Lösung 8.1 Die *organischen* Verbindungen sind vorwiegend kovalent gebunden. Sie bestehen deshalb meist aus kleinen Molekülen, d. h., sie sind gasförmig, flüssig oder fest mit meist niederen Schmelzpunkten und in Wasser meist nicht löslich, hingegen löslich in organischen Lösungsmitteln.
Anorganische Verbindungen sind der Bindungsart nach vorwiegend ionisch oder metallisch. Sie bilden große Gitterverbände, besitzen hohe Schmelzpunkte und sind unlöslich in organischen Lösungsmitteln. Wenn sie sich in Wasser lösen, dann unter elektrolytischer Dissoziation.

Lösung 8.2

a) Aliphatische Verbindungen sind kettenförmige organische Verbindungen. Sie können verzweigte oder unverzweigte Struktur aufweisen. Die einfachsten Vertreter dieser Verbindungsklasse sind die Alkane.
b) Aromaten sind ringförmige Verbindungen mit einer besonderen Bindungsstruktur. Hierbei wechseln sich Einfach- und Doppelbindungen im Molekül ab, wobei die π-Elektronen in Molekülorbitalen der Verbindung frei beweglich sind und deshalb auch als delokalisierte Elektronen bezeichnet werden. Der wichtigste Vertreter dieser Verbindungen ist das Benzol. Es zeigen aber auch andere eben gebaute Ringsysteme mit insgesamt $4n + 2$ Elektronen aromatischen Bindungscharakter.
c) Heterocyclen sind ringförmige organische Verbindungen, die im Ring auch Nichtkohlenstoffatome enthalten.
d) Alicyclische Verbindungen sind ringförmige organische Stoffe, die weder aromatisch noch heterocyclisch sind.

Lösung 8.3 Gesättigte organische Verbindungen enthalten zwischen den Kohlenstoffatomen nur Einfachbindungen (σ-Bindungen), ungesättigte auch Doppel- und Dreifachbindungen (π-Bindungen). Ungesättigte Verbindungen sind reaktiver als gesättigte Verbindungen, da die Doppel- und Dreifachbindungen leicht durch Anlagerung anderer Stoffe abgesättigt werden können.

Lösung 8.4 Alkane sind gesättigte acyclische Kohlenwasserstoffe. Alkene sind aliphatische Kohlenwasserstoffe mit Doppelbindungen (ungesättigte Verbindungen).

Lösung 8.5 Radikale sind Atome, Ionen oder Moleküle, die über mindestens ein ungepaartes Elektron verfügen und für sich allein keine beständigen Stoffe bilden, da sie sehr reaktiv sind. Ein typischer Vertreter in der organischen Chemie ist z. B. das CH_3-Radikal, welches als Methylgruppe bezeichnet wird. Allgemein werden die organischen Radikale durch Anhängen der Endung -yl an den Wortstamm, der die Anzahl der Kohlenstoffatome nennt, benannt.

Lösung 8.6 Die Stabilität von radikalischen Verbindungen hängt von ihrer Struktur ab. So sind höher substituierte Verbindungen stabiler als weniger substituierte. Außerdem wird die Stabilität erhöht, wenn Doppelbindungen bzw. delokalisierte Gruppen in der Verbindung auftreten. So ergibt sich die folgende Reihenfolge (Stabilität steigt von links nach rechts):

$CH_3\cdot$ $\quad (CH_3)_3C\cdot$ $\quad CH_2{=}CH{-}CH_2\cdot$ $\quad C_6H_5{-}CH_2\cdot$

Lösung 8.7 Die Summenformeln lauten: $C_{15}H_{32}$ bzw. $C_{10}H_{20}$.

Lösung 8.8 Dies sind Verbindungen, deren Moleküle die gleiche Art und Anzahl von Atomen aufweisen (gleiche Summenformel), sich jedoch durch ihre unterschiedliche Anordnung (Struktur) voneinander unterscheiden.

Lösung 8.9

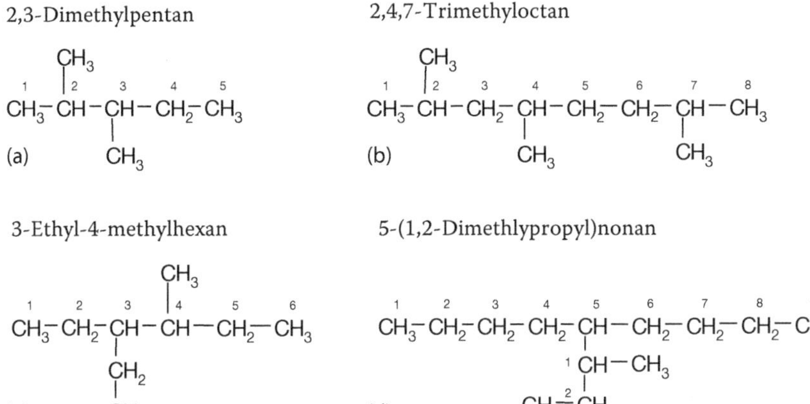

Lösung 8.10 Struktur der drei isomeren Pentane und systematischer Name:

$CH_3-CH_2-CH_2-CH_2-CH_3$	$H_3C-CH(CH_3)-CH_2-CH_3$	$C(CH_3)_4$
n-Pentan	2-Methylbutan (Isopentan)	2,2-Dimethylpropan (Neopentan)

Lösung 8.11 Beim 1,2-Dibromethan $BrCH_2-CH_2Br$ sind die beiden C-Atome durch eine Einfachbindung (σ-Bindung, siehe Abschn. 2.1.2 im Lehrbuch) miteinander verknüpft. Über diese Bindung können die beiden $BrCH_2$-Gruppen in Richtung der Bindungsachse frei rotieren. Beim 1,2-Dibromethen $BrCH=CHBr$ liegt eine Doppelbindung vor ($\sigma + \pi$ -Bindung, siehe Abschn. 2.1.3 im Lehrbuch). Da die p-Bindung durch Überlappung von senkrecht stehenden p-Orbitalen zustande kommt, sind die beiden BrCH-Gruppen „fixiert" und können nicht mehr frei um die Bindungsachse rotieren. Hierdurch treten zwei isomere Strukturen auf, die sich geringfügig in ihren physikalischen Eigenschaften unterscheiden.

Lösung 8.12 Olefine (Alkene) sind ungesättigte Kohlenwasserstoffe, die eine Kohlenstoff-Kohlenstoff-Doppelbindung im Molekül enthalten. Ungesättigte

Verbindungen können durch Entfärbung von (braunem) Bromwasser nachgewiesen werden, da die sich bildenden Bromkohlenwasserstoffe ungefärbt sind, z. B. $CH_2{=}CH_2 + Br_2 \rightarrow CH_2Br{-}CH_2Br$.

Lösung 8.13 Hydrieren bedeutet Anlagerung von Wasserstoff an Doppelbindungen. Dehydrieren bezeichnet die Abspaltung von Wasserstoff.

Lösung 8.14 Unter Cracken versteht man die Aufspaltung größerer Moleküle in kleinere durch Anwendung von hohen Temperaturen. Durch Cracken von Paraffinen (Erdölprodukten) werden Olefine und andere kürzerkettige Kohlenwasserstoffe gewonnen.

Lösung 8.15 1,3 Butadien: $CH_2{=}CH{-}CH{=}CH_2$
2-Methyl-1,3-butadien (Isopren): $CH_2{=}C(CH_3){-}CH{=}CH_2$

Lösung 8.16 Die niedrigste Hydrierungsenthalpie −126 kJ/mol ergibt sich für 1-Buten $CH_3{-}CH_2{-}CH{=}CH_2$, da es nur eine Doppelbindung besitzt. Für das Diolefin 1,4-Pentadien $CH_2{=}CH{-}CH_2{-}CH{=}CH_2$ mit zwei Doppelbindungen kann man erkennen, dass die Hydrierungsenthalpie mit −253 kJ/mol etwa doppelt so groß ist wie für 1-Buten. Für das 1,4-Butadien $CH_2{=}CH{-}CH{=}CH_2$ ist die Hydrierungsenthalpie trotz zweier Doppelbindungen mit −236 kJ/mol etwas kleiner als für das 1,4-Pentadien (es ist etwas weniger reaktiv). Dies liegt daran, dass die Doppelbindungen benachbart sind (konjugierte Doppelbindungen, siehe Abschn. 11.4.3 im Lehrbuch) und durch Mesomerie oder Resonanz stabilisiert werden (siehe Abschn. 8.1.5 im Lehrbuch).

Lösung 8.17 Acetylen (Ethin) ist ein farbloses, fast geruchloses, leicht entflammbares Gas mit narkotisierenden Eigenschaften. Acetylen-Luft-Gemische mit Volumengehalten von 3–70 % sind explosibel. Bei Drücken über 2,5 bar und im verflüssigten Zustand kann ein einmal begonnener Acetylenzerfall infolge der einsetzenden Kettenreaktion zur Explosion führen. Das zur Stabilisierung des Acetylens in den Stahlflaschen befindliche Füllmaterial darf nicht durch unsachgemäße Entnahme von Acetylen (liegende Flasche oder zu große Entnahmegeschwindigkeit) aus der Flasche entfernt werden, da sonst die Gefahr von Acetylenzerfall besteht. Acetylen darf nicht mit Kupfer oder mit nicht zugelassenen Kupferlegierungen zusammengebracht werden (Bildung des explosiblen Kupferacetylids).

Lösung 8.18 Die Resonanzstrukturen in aromatischen Verbindungen zeigen grundsätzlich andere Eigenschaften, als sie aufgrund der formal geschriebenen Doppelbindungen zu erwarten wären. Aufgrund der delokalisierten π-Elektronen sind aromatische Verbindungen energieärmer und weisen daher eine geringere Reaktivität als nicht aromatische Verbindungen mit Doppelbindungen auf.

Lösung 8.19

Styrol: C_6H_5–$CH=CH_2$

Toluol: C_6H_5–CH_3

1,3-Dimethylbenzol (m-Xylol): $C_6H_4(CH_3)_2$

Lösung 8.20 Phenol liegt in Wasser als Alkohol mit einer OH-Gruppe vor. Der Einfluss der polaren (hydrophilen) OH-Gruppe ist gegenüber dem hydrophoben Benzolring relativ klein, sodass sich Phenol nur sehr begrenzt löst. Phenol zeigt schwach saure Eigenschaften, da die Elektronen der OH-Gruppe durch Resonanz teilweise in das Elektronensystem des Benzolrings hineingezogen werden, sodass das Proton leichter aus der Bindung des Sauerstoffs gelöst werden kann. Durch die Abgabe des Protons bildet sich ein sogenanntes Phenolatanion, welches als Ion besser in Wasser löslich ist.

C_6H_5–OH ⟶ C_6H_5–O^- + H^+

Lösung 8.21 Dies ist die Verbindung 1,2-Benzpyren.

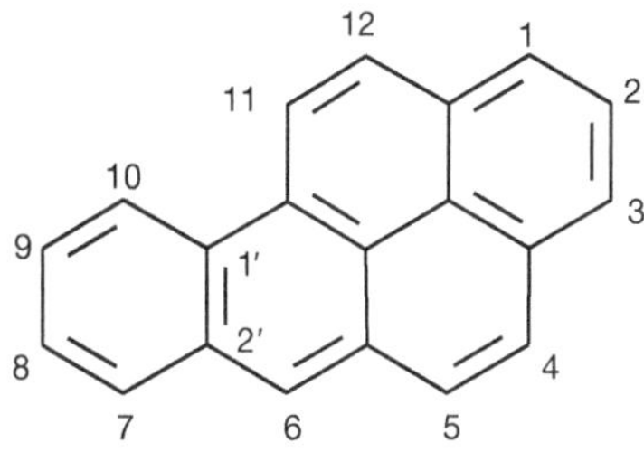

Lösung 8.22 Die polychlorierten Biphenyle (PCB) leiten sich vom sogenannten Biphenyl ab, bei dem zwei Benzolringe über die C-Atome verknüpft sind. Hierbei sind mindestens ein oder meist mehrere H-Atome durch Chloratome ersetzt

(siehe Abschn. 8.2.2). PCB-Verbindungen sind nicht akut toxisch, sie haben sich in Tierversuchen allerdings als krebserregend erwiesen.

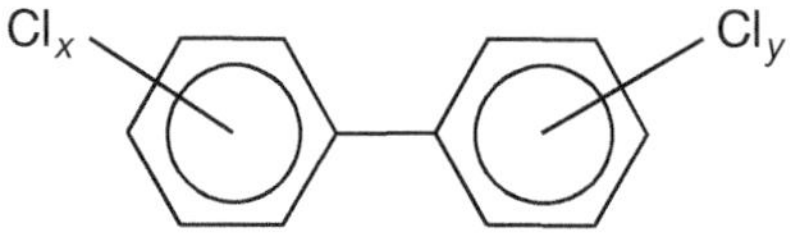

Cl_x Cl_y

Lösung 8.23 Alkohole: R_{aliph}–OH; Phenole: R_{arom}–OH; Ketone: R1–CO–R2; Ether: R1–O–R2; Aldehyde: R–CHO; Carbonsäuren: R–COOH.

Lösung 8.24 n-Pentan $CH_3–CH_2–CH_2–CH_2–CH_3$ ist ein kettenförmiger Kohlenwasserstoff, bei welchem lediglich (schwache) Van-der-Waals-Wechselwirkungen auftreten. Deshalb hat es den niedrigsten Siedepunkt. 2-Butanon ist ein Keton $CH_3–CO–CH_2–CH_3$, welches ein polares Sauerstoffatom besitzt und deshalb neben den schwachen Van-der-Waals-Wechselwirkungen auch Dipol-Dipol-Wechselwirkungen aufweist, was zu einem höheren Siedepunkt beiträgt. Propansäure $CH_3–CH_2–COOH$ besitzt eine Carboxylgruppe, welche durch Assoziation aufgrund von Wasserstoffbrücken Dimere bilden kann, wodurch der Siedepunkt deutlich erhöht wird (siehe Frage 8.31).

Lösung 8.25 Der ODP-Wert (ozone depletion potential) ist ein Maß für die ozonschädigende Wirkung von Spurengasen. Er gibt an, wievielmal der Ozonabbau des Stoffes höher ist im Vergleich zu einer Referenz, dem Kältemittel R 11 (CCl_3F). Der GWP-Wert (greenhouse warming potential) gibt an, wievielmal stärker der Stoff zur Temperaturerhöhung der Atmosphäre beiträgt im Vergleich zu einer Referenz, dem CO_2.

Lösung 8.26 FCKW ist die Abkürzung für Fluorchlorkohlenwasserstoffe. Sie wurden früher als Kältemittel, Treibgase und Schäumungsmittel für Kunststoffe eingesetzt. Da sie zum Ozonabbau in der Atmosphäre und wegen der Absorption von Infrarotstrahlung deutlich zum Treibhauseffekt beitrugen, ist ihre Verwendung heute deutlich eingeschränkt. FKW steht für Fluorkohlenwasserstoffe. Sie weisen kein Ozonabbaupotenzial auf, tragen aber erheblich zum Treibhauseffekt bei.

Lösung 8.27

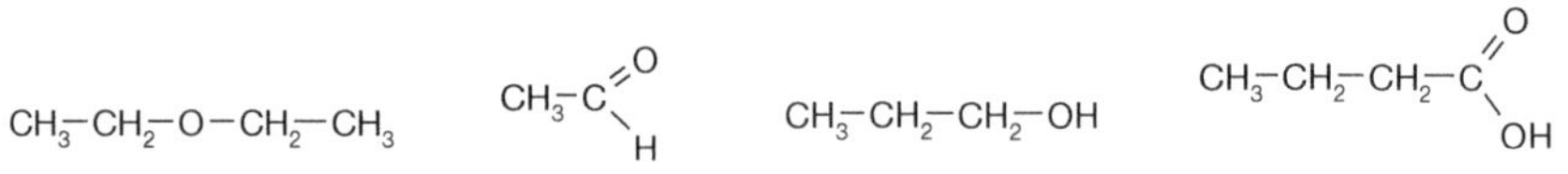

(a) $CH_3–CH_2–O–CH_2–CH_3$ Ether

(b) $CH_3–C(=O)H$ Aldehyd

(c) $CH_3–CH_2–CH_2–OH$ primärer Alkohol

(d) $CH_3–CH_2–CH_2–C(=O)OH$ Carbonsäure

Lösung 8.28 Glykol ist ein zweiwertiger Alkohol, da er zwei OH-Gruppen besitzt: $CH_2OH–CH_2OH$. Er wird auch als 1,2-Ethandiol bezeichnet. Glykol ist giftig.

Glycerin ist ein dreiwertiger Alkohol, der auch als 1,2,3-Propantriol bezeichnet wird, da er drei OH-Gruppen hat: $CH_2OH{-}CHOH{-}CH_2OH$. Glycerin ist nicht giftig.
Glykol und Glycerin werden u. a. als Frostschutzmittel verwendet.

Lösung 8.29

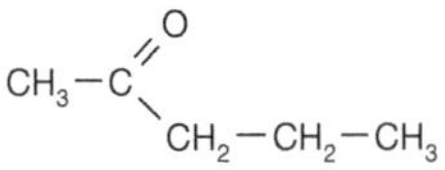

$CH_3{-}C({=}O){-}CH_2{-}CH_2{-}CH_3$

(a) Essigsäureethylester

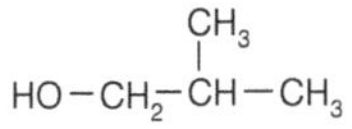

$HO{-}CH_2{-}CH(CH_3){-}CH_3$

(b) 2-Methyl-1-propanol

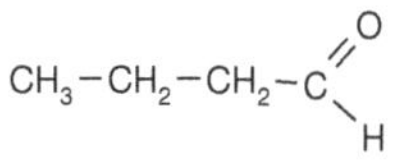

$CH_3{-}CH_2{-}CH_2{-}C({=}O){-}H$

(c) Butanal

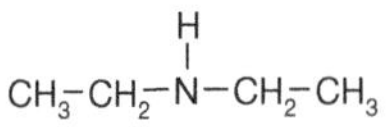

$CH_3{-}CH_2{-}N(H){-}CH_2{-}CH_3$

(d) Diethylamin

$CH_3{-}CH_2{-}C({=}O){-}NH{-}CH_2{-}CH_3$

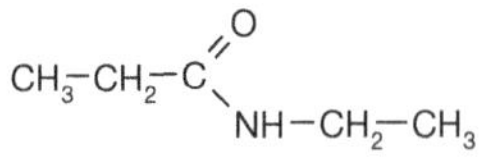

(e) Propansäureethylamid

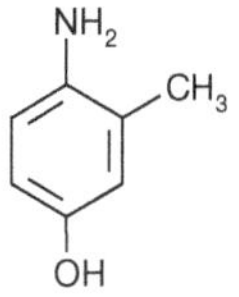

NH_2, CH_3, OH (Benzolring)

(f) 1-Amino-2-methyl-4-hydroxybenzol

Lösung 8.30 Methanol kann aufgrund seiner OH-Gruppe Wasserstoffbrücken ausbilden, während bei Methylchlorid praktisch nur (schwache) Van-der-Waals-Wechselwirkungen auftreten.

Lösung 8.31 Carbonsäuren können sich durch Ausbildung von Wasserstoffbrücken zu Dimeren assoziieren und bilden somit Einheiten mit größerer Molmasse, die einen höheren Siedepunkt bewirken.

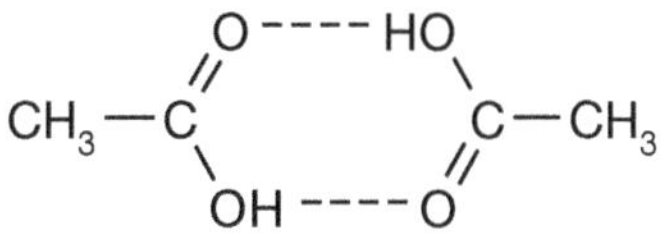

$CH_3{-}C({=}O)(OH)$ ---- $HO(O{=})C{-}CH_3$ (O ---- HO, OH ---- O)

Lösung 8.32 Eine organische Verbindung ist wasserlöslich, wenn in ihr die hydrophilen Gruppen (bei den Alkoholen sind es die OH-Gruppen) überwiegen. Sie ist wasserunlöslich oder nur begrenzt wasserlöslich, wenn in ihr die hydrophoben Molekülteile (lange Kohlenwasserstoffketten) überwiegen.

Lösung 8.33 Ordnung nach zunehmender Wasserlöslichkeit: 2,3-Dimethylhexan (C_8H_{18}) < 2-Heptanol ($C_7H_{15}OH$) < 2-Butanol (C_4H_9OH) < Propantriol ($C_3H_5(OH)_3$)
2,3-Dimethylhexan ist ein unpolarer Kohlenwasserstoff und weist die geringste Wasserlöslichkeit auf. 2-Heptanol und 2-Butanol enthalten jeweils eine polare OH-Gruppe und sind deshalb besser wasserlöslich. Dabei ist 2-Butanol besser löslich im Vergleich zu 2-Heptanol, da die unpolare Kohlenwassergruppe kleiner ist. Propantriol besitzt drei polare OH-Gruppen und ist deshalb am besten wasserlöslich.

Lösung 8.34 Organische Verbindungen werden als optisch aktiv bezeichnet, wenn sie die Ebene des polarisierten Lichtes drehen. Optisch aktive Verbindungen haben asymmetrische, mit vier verschiedenen Bindungspartnern verknüpfte Kohlenstoffatome.

Lösung 8.35 Diese isomeren Verbindungen des 2-Butanol ($CH_3CHOHC_2H_5$) besitzen ein mit vier unterschiedlichen Bindungspartnern verknüpftes C-Atom (asymmetrisches C-Atom). Deshalb gibt es zwei spiegelbildliche Verbindungen, die sich nicht zur Deckung bringen lassen (Spiegelbildisomerie). Diese Verbindungen sind optisch aktiv und drehen die Ebene des polarisierten Lichtes.

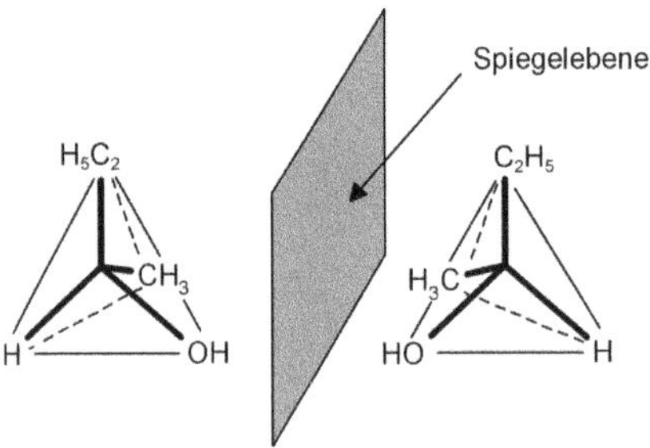

Lösung 8.36 Ester sind Reaktionsprodukte zwischen Alkoholen und Säuren, welche unter Wasserabspaltung (Kondensation) miteinander reagieren.

Lösung 8.37 Fette sind Ester des Alkohols Glycerin mit höheren *gesättigten* Fettsäuren. Fette Öle sind Ester des Glycerins mit höheren *ungesättigten* Fettsäuren.

Lösung 8.38 Man verwendet Seifen (= Alkalisalze höherer Fettsäuren) oder synthetische Waschmittel, sogenannte Detergentien (z. B. Alkylsulfate oder Alkylbenzolsulfonate). Die Waschwirkung beruht auf folgendem Effekt: Die Waschmittelmoleküle haben gleichzeitig hydrophobe und hydrophile Molekülteile und können deswegen die hydrophoben (lipophilen), fettigen Schmutzteile an das Wasser binden.

Lösung 8.39 Hartes Wasser enthält hohe Konzentrationen an Calcium- und Magnesiumionen, welche mit Fettsäuren (Seife) schwer lösliche Calcium- bzw. Magnesiumsalze bilden (R–COOCa, R–COOMg) und damit die Waschwirkung der Seife vermindern. Den Waschmitteln werden deshalb Hilfsstoffe zugesetzt, welche die schädlichen Ca^{2+}- und Mg^{2+}-Ionen binden. Dies waren früher vorwiegend Polyphosphate (z. B. $Na_5P_3O_{10}$). Sie wurden wegen ihrer Umweltprobleme (Eutrophierung, siehe auch Abschn. 13.1.3 im Lehrbuch) durch die umweltneutralen Zeolithe ersetzt (siehe auch Abschn. 7.2.5 im Lehrbuch).

Lösung 8.40 Amine (primäre): $R–NH_2$; Aminosäuren: $H_2N–CHR–COOH$; Säureamide: $R–CO–NH_2$; Nitrile: R–CN; Nitroverbindungen: $R–NO_2$.

Lösung 8.41 Dioxine und Furane sind polychlorierte, sauerstoffhaltige Heterocyclen. Sie gehören zu den stärksten bekannten Giften. Sie wurden nie gezielt kommerziell hergestellt, sondern sind Neben- und Abfallprodukte der chemischen Industrie. Die Bildung von Dioxinen und Furanen ist grundsätzlich bei der Verbrennung chlorhaltiger organischer Verbindungen möglich (z. B. des Kunststoffs PVC). So können sie z. B. bei Kabelschmorbränden oder in Müllverbrennungsanlagen entstehen.

Lösung 8.42 Kerrzellen werden in der Optoelektronik zur Erfassung sehr schnell ablaufender Vorgänge oder für optische Schalter genutzt. Eine Kerrzelle besteht aus zwei Kondensatorplatten, deren Zwischenraum typischerweise mit Nitrobenzol gefüllt ist. Unter Verwendung von zwei senkrecht zueinander stehenden Nicol'schen Prismen wird sie aufgrund der Dipoleigenschaften des Nitrobenzols bei Vorhandensein eines elektrischen Feldes doppelbrechend und dreht linear polarisiertes Licht in elliptisch polarisiertes Licht, sodass das Licht durchgelassen wird. Bei Abschalten des elektrischen Feldes (ohne Doppelbrechung) wird kein Licht durchgelassen.

Lösung 8.43 Kohlenhydrate sind organische Verbindungen aus den Elementen C, H und O, die H und O im Verhältnis 2 : 1 enthalten. Sie besitzen also die allgemeine Formel $C_nH_{2n}O_n$.

Lösung 8.44 Sie enthalten Cellulose.

Lösung 8.45 Zucker sind Kohlehydrate mit der allgemeinen Formel $C_nH_{2n}O_n$ (siehe auch Aufgabe 8.43) und sind entweder Hydroxyketon (Ketose)- oder Hydroxyaldehyd (Aldose)-Verbindungen. So können durch milde Oxidation die folgenden Verbindungen entstehen.

asymmetrisches C-Atom

H–C=O
|
C*H–OH
|
CH_2–OH

Glycerinaldehyd

CH_2–OH
|
CH–OH
|
CH_2–OH

CH_2–OH
|
C=O
|
CH_2–OH

Dihydroxyaceton

Die Verbindung Glycerinaldehyd besitzt ein asymmetrisches C-Atom und es gibt deshalb zwei spiegelbildliche Verbindungen (siehe auch Aufgabe 8.35).

Lösung 8.46 Bei Glycin kann die saure Carboxylgruppe (–COOH) die basische Amingruppe ($-NH_2$) protonieren (intramolekulare Protonierung), wobei sich ein Molekül mit Ladungen bildet (sogenanntes Zwitterion):

$$CH_2NH_2COOH \rightarrow CH_2NH_3^+COO^-$$

Zwei Zwitterionen können sich aufgrund der Ladungen zu einer größeren Einheit zusammenlagern, wodurch der Schmelzpunkt deutlich erhöht wird.

$$^-OOCNH_3^+CH_2$$
$$CH_2NH_3^+COO^-$$

Bei der Hydroxyessigsäure treten durch die OH-Gruppe nur Wasserstoffbrücken-Wechselwirkungen auf.

Lösung 8.47 Aminosäuren besitzen aufgrund der Bildung von Wasserstoffbrücken bzw. Zwitterionen hohe Schmelz- und Siedepunkte und sind deshalb nicht flüchtig (siehe auch Aufgabe 8.46). Sie lassen sich deshalb nicht im Gaschromatografen bestimmen (siehe Abschn. 5.6.2.2 im Lehrbuch). Wird jedoch die Carboxylgruppe der Aminosäure mit Methanol verestert, so kann die Carboxylgruppe keine Wasserstoffbrücken bzw. Zwitterionen mehr ausbilden, und der Schmelz- und Siedepunkt wird herabgesetzt bzw. die Flüchtigkeit wird erhöht. Dies wird im Folgenden am Beispiel von Glycin gezeigt:

$$NH_2-CH_2-C(=O)-OH \xrightarrow[\text{Methanol}]{CH_3-OH} NH_2-CH_2-C(=O)-O-CH_3 + H_2O$$

Glycin — Methylester von Glycin

Lösung 8.48 Diese Prozesse werden bei der Kraftstoffherstellung angewendet, da die Benzinfraktion, die aus Erdöl in der Raffinerie gewonnen wird, noch viele kettenförmige Alkane mit niedriger Oktanzahl enthält. Beim Reformierungsprozess entstehen durch Erhitzen mit Katalysatoren aus n-Paraffinen verzweigte Kohlenwasserstoffe und Olefine. Beim Platformieren entstehen mit Platinkatalysatoren insbesondere aromatische Kohlenwasserstoffe. Auf diese Weise kann die Oktanzahl erhöht werden.

Lösung 8.49 Aufgrund der durch die OH-Gruppen vorhandenen Wasserstoffbrücken lagern sich die Cellulosemoleküle zusammen.

Lösung 8.50 Eiweiß besteht aus Aminosäuren, die durch Säureamidbindung miteinander verknüpft sind.

Lösung 8.51 Heizwert und Brennwert sind im Wesentlichen die bei der Verbrennung frei werdende Reaktionswärme. Der Heizwert berücksichtigt, dass das beim Verbrennen entstehende Wasser bei Feuerungsanlagen dampfförmig entweicht. Dabei geht die zum Verdampfen des Wassers notwendige Verdampfungsenthalpie beim Verbrennungsvorgang ungenutzt verloren. Der Brennwert berücksichtigt, dass der bei der Verbrennung entstehende Wasserdampf nach der Verbrennung als flüssiges Wasser vorliegt. Der Brennwert ist deshalb um den Betrag der Verdampfungsenthalpie des bei der Reaktion freigesetzten Wassers und der während der Abkühlung auf 25 °C frei werdenden Wärme (der Brennwert ist auf 25 °C bezogen) höher als der Heizwert (siehe auch Abschn. 4.2 im Lehrbuch; Übungsbeispiel 4.3).

Lösung 8.52 Benzin- und Dieselkraftstoff bestehen beide aus einem Gemisch unterschiedlicher Kohlenwasserstoffe (KW). Beim Benzin liegen jedoch hauptsächlich KW mit niedrigerer Molekülmasse (KW mit 5–9 C-Atomen), während beim Diesel KW mit höherer Molekülmasse vorliegen (KW mit 10–22 C-Atomen). Deshalb hat Diesel im Vergleich zu Benzin eine höhere Dichte und einen höheren Siedepunkt.

Lösung 8.53 Die Oktanzahl ist die Maßzahl für die Klopffestigkeit eines Ottomotorbenzins. Die Zahl gibt an, dass der betreffende Kraftstoff die gleichen Verbrennungseigenschaften in einem genormten Ottomotor hat, wie ein Prüfgemisch aus n-Heptan und so viel Massenprozent 2,2,4-Trimethylpentan (= Isooctan), wie die Oktanzahl angibt.
Die Cetanzahl ist die Maßzahl für die Zündwilligkeit eines Dieselkraftstoffs. Die Zahl zeigt an, dass sich ein Dieselkraftstoff hinsichtlich der Zündwilligkeit im Dieselmotor genauso verhält, wie ein Prüfgemisch aus α-Methylnaphthalin und so viel Massenprozent Cetan, wie es durch die Cetanzahl angegeben wird.

Lösung 8.54 Der Lambda-Wert ist ein Maß für das Verhältnis der in den Verbrennungsraum zugeführten, zu der zur vollständigen Verbrennung notwendigen theoretischen Luftmenge.

Lösung 8.55 Dies sind Ethanol, Flüssiggas, Erdgas, Wasserstoff, Biodiesel; Vor- und Nachteile siehe Tab. 8.16 im Lehrbuch.

Lösung 8.56 Biodiesel besteht aus Rapsölmethylester. Dieser Stoff wird durch Umesterung von Rapsöl mit Methanol hergestellt.

Lösung 8.57 Diese werden aus regenerativen Energiequellen, wie z. B. Biomasse hergestellt und haben den Vorteil, nicht zum Treibhauseffekt beizutragen, da hier das freigesetzte Kohlendioxid im natürlichen Kreislauf wieder durch die Pflanzen aufgenommen wird.

Lösung 8.58 *Fettsäuren*: Sie dienen zur Verankerung eines zusammenhängenden Ölfilms auf der Metalloberfläche.
Hochdruckzusätze: Sie tragen in einer gezielten Korrosion die Unebenheiten auf der Metalloberfläche ab und ebnen so die Gleitfläche ein.
Alterungsschutzmittel (Antioxidantien): Sie verhindern eine rasche Alterung (Oxidation) durch chemische Bindung von oxidierenden Stoffen oder von Radikalen.
Emulgatoren (HD-Additive): Sie halten Fremdteilchen in der Schwebe und verhindern eine Zusammenlagerung und ein Absetzen (als Kaltschlamm) von Metallabrieb oder Schmutzteilchen.
Korrosionsinhibitoren: Sie bilden durch chemische Reaktion mit dem Metall eine zusammenhängende Schutzschicht auf der Metalloberfläche.
Viskositätsverbesserer: Sie sorgen für ein Gleichbleiben der Viskosität in weiten Temperaturbereichen.

Lösung 8.59 Schmierfette bestehen aus Mineralöl und Fettsäuresalze (Na-, Ca- oder Li-Seifen).

Lösung 8.60 Dies sind Grafit und Molybdänsulfid.

Lösung 8.61 Zur Vermeidung von elektrostatischer Aufladung; deshalb Behälter ausreichend erden!

A.9
Antworten zu *Kunststoffe*

Lösung 9.1 Thermoplaste sind langkettige Polymere, bei denen nur zwischenmolekulare Wechselwirkungen auftreten. Elastomere sind durch chemische Bindungen *weitmaschig* vernetzt. Duroplaste sind entsprechend *engmaschig* vernetzt. Fluidoplaste sind kurzkettige Polymere, bei denen nur zwischenmolekulare Wechselwirkungen auftreten.

Lösung 9.2 Bei amorphen Thermoplasten weisen die Polymerketten eine unregelmäßige, verknäulte Struktur auf (a). Bei teilkristallinen Thermoplasten liegen die Polymerketten teilweise in paralleler Struktur vor (b).

(a)

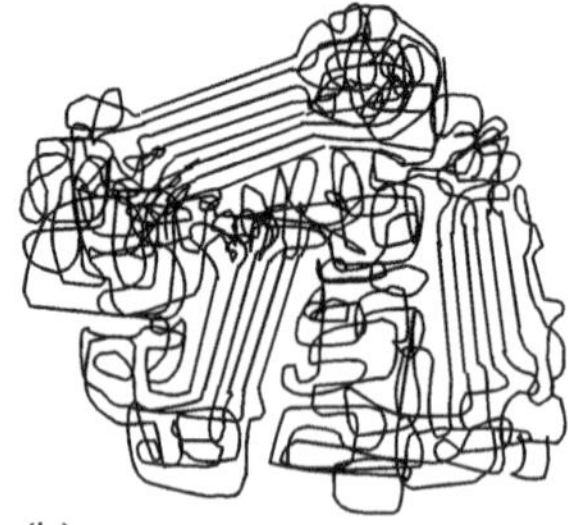
(b)

Lösung 9.3 *Thermoplaste*: Bei Abkühlung werden sie spröde; bei Erwärmung tritt zuerst plastisches Fließen auf, bei weiterem Erwärmen erfolgt Zersetzung.
Elastomere: Bei Abkühlung werden sie spröde; bei Erwärmung zersetzen sie sich.
Duroplaste: Bei Abkühlung tritt keine Änderung der Eigenschaften auf; bei Erwärmung erfolgt Zersetzung.
Fluidoplaste: Bei Abkühlung werden sie fest; bei Erwärmung zersetzen sie sich.

Lösung 9.4 Thermoplastische Elastomere sind im Gegensatz zu den „normalen" Elastomeren, welche durch *chemische Bindungen* weitmaschig vernetzt sind, über starke *zwischenmolekulare Wechselwirkungen* vernetzt. In chemischer Hinsicht sind sie aus Block-Copolymeren aufgebaut.

Lösung 9.5 Im Temperaturbereich unterhalb der *Glasübergangstemperatur* (Einfriertemperatur) werden Kunststoffe (glasartig) spröde. Der Gebrauchsbereich von amorphen Kunststoffen liegt unterhalb der Glasübergangstemperatur, der von teilkristallinen Kunststoffen oberhalb der Glasübergangstemperatur.
Im Temperaturbereich oberhalb der *Fließtemperatur* schmelzen Thermoplaste und können verarbeitet werden.
Im Temperaturbereich oberhalb der *Zersetzungstemperatur* beginnen Kunststoffe sich zu zersetzen.
Fluidoplaste werden im Temperaturbereich unterhalb des *Stockpunktes* fest.

Lösung 9.6 Gummielastizität oder Entropieelastizität tritt bei Elastomeren auf. Bei Dehnung werden die Molekülketten aus einem ungeordneten in einen geordneteren Zustand gebracht. Bei Fortfall der äußeren Kraft nehmen die Molekülketten infolge der Wärmebewegung wieder die statistisch wahrscheinlichere, ungeordnete Lage ein (Zustand höherer Entropie).

Lösung 9.7 Der Einfluss der anziehenden zwischenmolekularen Wechselwirkungen schwächt sich deutlich ab.

Lösung 9.8 *Thermoplaste* lösen sich in vielen organischen Lösungsmitteln, da sie typischerweise unpolar sind („Gleiches löst Gleiches") und die Molekülketten nur durch zwischenmolekulare Wechselwirkungen miteinander verbunden sind. Generell sind dabei amorphe Kunststoffe besser löslich als teilkristalline Kunststoffe.
Elastomere quellen nur mit bestimmten organischen Lösungsmitteln. Duroplaste sind aufgrund ihrer engmaschigen Vernetzung beständig gegenüber organischen Lösungsmitteln.

Lösung 9.9 Weichmacher sind niedermolekulare organische Substanzen (Quellmittel) mit relativ hohem Siedepunkt. Sie „legen" sich zwischen die Molekülketten und verringern die zwischenmolekularen Anziehungskräfte (wirken als „Gleitmittel").

Lösung 9.10

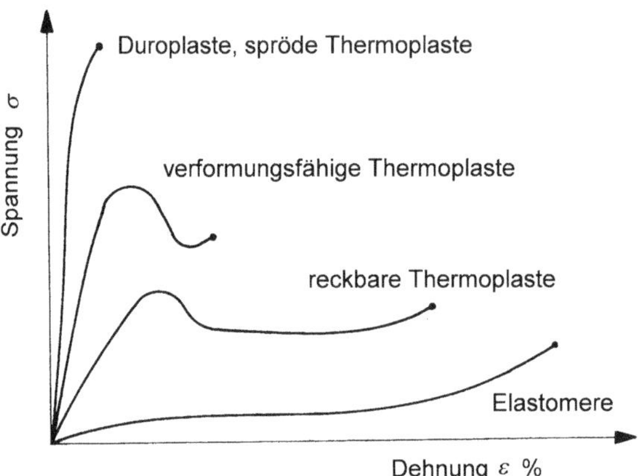

Lösung 9.11 Dies sind Cellulose und Naturkautschuk. Cellulose wird hauptsächlich durch Veresterung mit Essigsäure zu Celluloseacetat (CA) verarbeitet (Kunst- oder Acetatseide). Naturkautschuk wird durch weitmaschige Vernetzung mit Schwefel (Vulkanisieren) zu Gummi verarbeitet (siehe auch Frage 9.13).

Lösung 9.12 CN: Cellulosenitrat ist mit Salpetersäure veresterte Cellulose und ist der älteste formbare Kunststoff (1865). Er wird wegen der leichten Brennbarkeit aber nur noch sehr selten eingesetzt.
CA: Celluloseacetat ist mit Essigsäure veresterte Cellulose. Dies ist ein schlagfester, glasklarer, öl-, licht- und wetterbeständiger, elektrostatisch sich nicht aufladender Kunststoff.

Lösung 9.13 Dies ist das Vulkanisieren. Beim Vulkanisieren werden die Makromoleküle des Rohkautschuks, die noch viele Doppelbindungen enthalten, durch elementaren Schwefel weitmaschig vernetzt. Ist die Vernetzung gering (ca. 3 % Schwefel) erhält man Gummi mit großer Elastizität. Mit zunehmendem Schwefelgehalt (zunehmende Vernetzung) nimmt die Elastizität ab und man erhält den wenig elastischen Hartgummi.

Lösung 9.14 Gummi, welcher noch Doppelbindungen enthält, wird durch Ozon, aber auch durch Einwirkung von Luftsauerstoff, vornehmlich bei gleichzeitiger Energiezufuhr (Wärme, Licht) zerstört (Versprödung). Werden die Doppelbindungen vorher abgesättigt (beispielsweise beim Chlorkautschuk oder Salzsäurekautschuk), so ist der Kautschuk beständig.

Lösung 9.15

a) Startreaktion (Aktivierung, „Aufklappen" der Doppelbindung),
b) Kettenwachstum durch Anlagerung der monomeren Moleküle unter Aufspaltung ihrer Doppelbindungen,

c) Kettenabbruchreaktion (die aktiven Enden der Polymerketten werden abgesättigt).

Lösung 9.16 Die Startreaktion kann bei einer Polymerisationsreaktion durch folgende Initiatoren ausgelöst werden:

- Radikale, d. h. durch deren freien Valenzen (Radikalkettenpolymerisation),
- ionische Verbindungen (Ionenkettenpolymerisation),
- Katalysator (katalytische Polymerisation).

Lösung 9.17 PVC ist ein Kunststoff, der als Reinpolymerisat hart und zähelastisch ist und amorphe Struktur aufweist (PVC-U). PVC lässt sich wie kaum ein anderer Kunststoff mit Weichmachern modifizieren (z. B. Diethylhexylphthalat, DEHP). Er wird dadurch weichelastisch und kann sehr gut für Kabelummantelungen, Schläuche, Folien etc. verwendet werden (siehe auch Frage 9.9).

Lösung 9.18 Misch- oder Copolymerisate sind Polymerisate aus zwei oder mehreren Monomerarten. Bei Block-Copolymerisaten enthalten die Makromoleküle streckenweise polymerisierte Blöcke der einzelnen Komponenten. Bei Pfropf-Copolymerisaten werden auf eine bestehende Polymerkette andere Komponenten als Seitenverzweigungen aufpolymerisiert.

Lösung 9.19 Strukturausschnitt des Styrol-Butadien-Kautschuks:

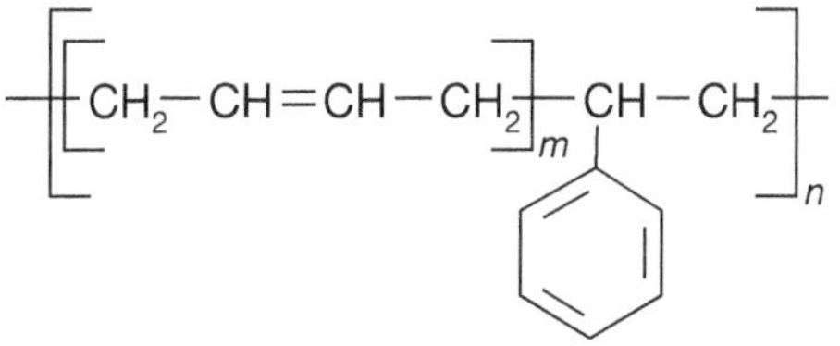

$$-\!\!\left[\left[CH_2-CH=CH-CH_2\right]_m-\underset{\displaystyle C_6H_5}{CH}-CH_2\right]_n\!\!-$$

Lösung 9.20 PE-HD wird durch katalytische Polymerisation mithilfe von Ziegler-Katalysatoren, PE-LD durch Hochdruckpolymerisation hergestellt. PE-LD hat eine verzweigte Molekülstruktur, während PE-HD weitgehend unverzweigte Molekülketten besitzt. Dadurch ergeben sich eine unterschiedliche Dichte sowie unterschiedliche Stoffeigenschaften. So hat PE-HD höhere Zugfestigkeit, E-Modul und Erweichungstemperatur als PE-LD.

Lösung 9.21 *PE = Polyethylen* = $[-CH_2-CH_2-]_X$ ist ein wachsähnlich aussehender, flexibler, schlagfester Thermoplast. Prinzipiell lässt sich unterscheiden zwischen PE-LD (niedere Dichte, Kristallinität, E-Modul, Zugfestigkeit, niederer Erweichungsbereich) und PE-HD (hohe Dichte, Kristallinität, E-Modul, Zugfestigkeit, hoher Erweichungsbereich); siehe Frage 9.20.
PP = Polypropylen = $[-CH(CH_3)-CH_2-]_X$ ist meist „isotaktisch" polymerisiertes PP. Es ist ein Kunststoff mit einer niedrigen Dichte in kompakter Form, guter

Wärmebeständigkeit, hoher Schlagzähigkeit, glänzender, härterer Oberfläche als bei PE. PP lässt sich im Unterschied zu PE mit dem Fingernagel nicht ritzen.
PS = Polystyrol:

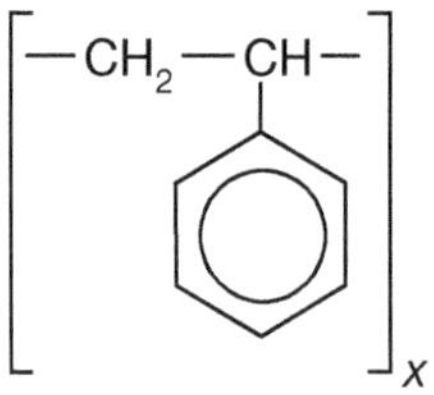

$$\left[-CH_2-\underset{\displaystyle C_6H_5}{\underset{|}{CH}}- \right]_X$$

Es ist glasklar mit glänzender Oberfläche, schlagempfindlich und ist erkennbar u. a. an einem klirrenden, blechernen Klang beim Anstoßen. Es wird geschäumt als Wärmeisolierstoff und leichtes Verpackungsmaterial verwendet.
ABS = Acrylnitril-Butadien-Styrol-Polymerisat ist schlagfestes Polystyrol und hat ähnliche Eigenschaften wie das Reinpolymerisat; ABS-Pfropf-Polymerisate kann man mit einer fest haftenden galvanischen Schutzschicht versehen.
PVC = Polyvinylchlorid = $[-CHCl-CH_2-]_X$ ist als Reinpolymerisat (= Hart-PVC) hart, zäh, schwer entflammbar, mechanisch und chemisch sehr beständig. Es findet Verwendung z. B. für Apparateteile, Rohrleitungen, Fensterprofile. Mit Weichmachern (= Weich-PVC) wird es für Fußbodenbeläge, Polsterbezüge, Schläuche, Folien verwendet.
PTFE = Polytetrafluorethylen = $[-CF_2-CF_2-]_X$ ist der chemisch und thermisch stabilste Kunststoff mit der größten Dichte (über 2 g/cm^3). Er hat einen niedrigen Reibungskoeffizient und eine geringe Affinität zu klebenden Stoffen. Er zersetzt sich erst ab 400 °C und versprödet selbst bei tiefsten Temperaturen nicht. Er kann nur durch Sintern, nicht jedoch durch Umschmelzen (z. B. Spritzgießen) verarbeitet werden. Die bekannteste Verwendung ist für Pfannenbeschichtungen (typischer Handelsname: Teflon).
PMMA = Polymethylmethacrylat = Polymethacrylsäuremethylester = Acrylglas

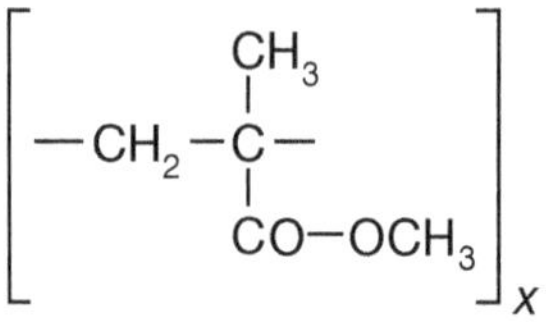

$$\left[-CH_2-\overset{\displaystyle CH_3}{\overset{|}{\underset{\displaystyle CO-OCH_3}{\underset{|}{C}}}}- \right]_X$$

Es ist glasklar, aber nur halb so schwer wie Glas und durchlässig für UV-Strahlen. Es lassen sich Formteile durch direkte Polymerisation aus den Monomeren (meist vermischt mit vorpolymerisiertem Pulver) herstellen (bekanntester Handelsname: Plexiglas).
POM = Polyoxymethylen = Acetalharz = $[-CH_2-O-]_X$ ist ein schlagzäher Kunststoff mit guter Oberflächenhärte (Verwendung für Zahnräder, Apparate, Pumpen). Er weist gute Lösungsmittel- und Chemikalienbeständigkeit auf (mit Ausnahme gegen Säuren).

Lösung 9.22 PS ist ein unpolarer Kunststoff mit amorpher Struktur. Deshalb kann unpolares Benzin leicht eindringen. PVC–U ist zwar amorph, es ist aber aufgrund des Cl-Atoms polar, sodass Benzin weniger leicht eindringen kann. HD-PE ist zwar unpolar, hat aber aufgrund seines relativ hohen Kristallinitätsgrades eine hohe Dichte, sodass Benzin schlecht eindringen kann.

Lösung 9.23 Kinderspielzeug besteht häufig aus Weich-PVC (PVC-P) und enthält Weichmacher. Diese können z. B. Phthalate sein, welche chronisch toxische Eigenschaften aufweisen. Durch Speichel können die Weichmacher herausgelöst werden. Deshalb werden heute meist Phthalate durch toxikologisch unbedenkliche Stoffe ersetzt.

Lösung 9.24 Beim isotaktischen Polypropylen sind die Methylseitengruppen immer gleichsinnig an die Polymerkette angelagert, beim ataktischen Polypropylen sind sie regellos angelagert. Die beim isotaktischen Polypropylen gleichsinnig angelagerten Seitengruppen verursachen einen höheren Kristallinitätsgrad und eine höhere Erweichungstemperatur, da sich die Polymerketten besser parallel zusammenlagern können.

Lösung 9.25 Bei der Polykondensation verbinden sich monomere Moleküle durch Reaktion verschiedener funktioneller Gruppen (unter Abspaltung von kleinen Molekülen) zu linearen oder räumlich vernetzten Makromolekülen miteinander; z. B. Bildung von Polyamid aus ε-Caprolactam unter Abspaltung von Wasser. Bei der Polyaddition werden durch fortlaufende „Addition" von jeweils zwei verschiedenen Monomerarten Makromoleküle gebildet. Hierbei entstehen durch Aufklappen von Bindungen an einer der Monomerarten freie Valenzen, an die sich die andere Monomerart anlagern kann; z. B. Bildung von Polyurethanen durch Addition von Isocyanaten an Alkohole.

Lösung 9.26

a) Es handelt sich um Polyethylenterephthalat (PET), welches durch Polykondensation aus den Monomeren Terephthalsäure und Glykol durch Wasserabspaltung hergestellt wird.
b) PET ist typischerweise ein teilkristalliner Kunststoff. Durch Modifikation mit diesen Monomeren verringert sich prinzipiell die Linearität der Polymerkette, sodass sie „sperriger" wird und sich die Polymerketten nicht mehr so leicht parallel anordnen (sterische Hinderung). Damit verringert sich der Kristallinitätsgrad, d. h., der Kunststoff wird amorpher und damit transparenter (siehe Abschn. 9.1.1 im Lehrbuch).

Monomer A + Glykol

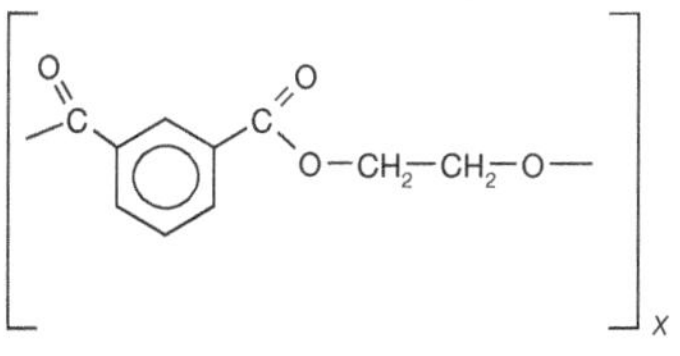

O C O C O–CH_2–CH_2–O– x

Monomer B + Terephthalsäure

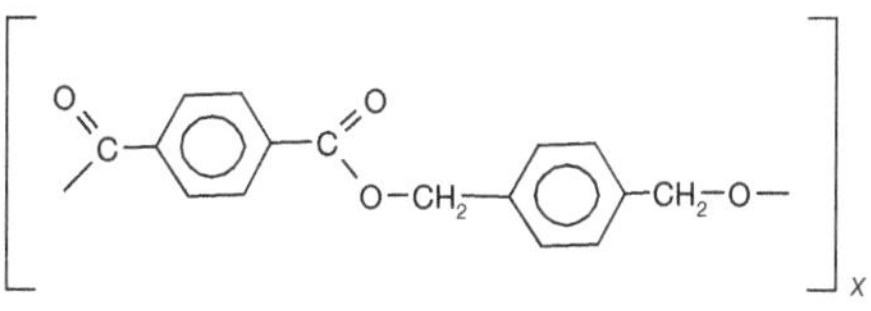

O C O C O–CH_2– –CH_2–O– x

c) Aufgrund der amorpheren Struktur verringert sich tendenziell die Dichte, die Schlagzähigkeit nimmt zu, und die Beständigkeit gegenüber Chemikalien verringert sich. So wird z. B. das amorphere PET leicht durch heiße Laugen angegriffen.

Lösung 9.27 PTFE ist ein lineares Polymer, welches aus einer komplett fluorierten Kohlenstoffkette besteht und deshalb hydrophob (wasserabstoßend) ist.

$$\left[-CF_2-CF_2-\right]_X$$

PET ist ein Polyester und besitzt deshalb polare CO-Gruppen, welche der Verbindung hydrophile Eigenschaften verleiht.

$$\left[-CO-C_6H_4-CO-O-CH_2-CH_2-O-\right]_X$$

In ein porenfreies PTFE können deshalb keine Wassermoleküle eindringen und durch die Membran transportiert werden, wie dies für das hydrophile PET möglich ist.

Lösung 9.28 Polyamide (PA) enthalten die Gruppierung –CO–NH–. PA sind zähe und feste, weiße bis schwach gelblich gefärbte Thermoplaste mit guter Oberflächenhärte (geringer Reibungskoeffizient). Polyamide können beträchtliche Mengen Wasser aufnehmen (Weichmachereffekt). Sie finden Verwendung für Haushaltsgeräte, Zahnräder, Seile.

Lösung 9.29 Weil die Amidgruppe durch Säureeinwirkung leicht wieder gespalten werden kann (Polykondensationen sind Gleichgewichtsreaktionen). Diese Reaktion läuft nach folgendem Mechanismus ab:

$$R1-C(=O)-NH-R2 \xrightarrow{H^+} R1-CH(OH^+)-NH-R2 \xrightarrow{H_2O} R1-C(OH)_2-\overset{+}{N}H_2-R2 \longrightarrow$$

$$R1-C(=O)-OH + \overset{+}{N}H_3-R2$$

Zunächst wird das negativ polarisierte O-Atom protoniert. Anschließend lagert sich ein Wassermolekül an und durch Umlagerung wird die Amidbindung in eine Carbonsäure- und eine Amingruppe gespalten. Unter sauren Bedingungen ist die Amingruppe protoniert.

Lösung 9.30 Bei PA 66 ist das Verhältnis der unpolaren CH_2-Gruppen zu den polaren –CONH-Amidgruppen größer als bei PA 46. Aus diesem Grund sind die zwischenmolekularen Wechselwirkungen bei PA 46 größer, da die Amidgruppen durch starke Wasserstoffbrücken zusammengehalten werden, während zwischen den CH_2-Gruppen lediglich schwache Van-der-Waals-Kräfte wirken (siehe Übungsbeispiel 9.1 im Lehrbuch). PA 46 hat deshalb das höhere E-Modul und den höheren Schmelzpunkt. PA 46 hat aber eine geringere Maßgenauigkeit, weil es im Verhältnis mehr Wasserstoffbrücken aufweist und deshalb mehr Wasser einlagern kann.

Lösung 9.31 Wichtige Anwendungen sind Schichtpressstoffe, Hartfaserplatten (Deckschicht von Tisch- und Dekorationsplatten meist aus Melamin-Formaldehyd-Harz). Harnstoff-Formaldehyd-Harze werden auch für Formteile der Elektrotechnik, Melamin-Formaldehyd-Harze für Gebrauchsgegenstände (z. B. Ess- und Trinkgeschirr, da physiologisch unbedenklich) verwendet.

Lösung 9.32 Dies sind Polykondensationsprodukte aus zwei- oder mehrwertigen organischen Säuren und Alkoholen. Typische Arten sind: lineare Polyester (Fasern, Folien), vernetzte Polyester (Alkydharze in Lacken), ungesättigte Polyester (= GUP) als glasfaserverstärkte Formteile.

Lösung 9.33 Dies kann man prinzipiell durch Makromoleküle mit einem sehr hohen Anteil an aromatischen Ringen in der Polymerkette erreichen (höhere Stabilität durch „Doppelführung" der Polymerkette); z. B. bei Polyphenylenethern oder Polyimiden.

Lösung 9.34 Die thermische Beständigkeit von Kunststoffen hängt im Wesentlichen von der chemischen Struktur des Moleküls ab, aber auch der Kristallinitätsgrad spielt eine Rolle.
PVC = Polyvinylchlorid ist thermisch am unbeständigsten, da sich die amorph angeordneten Polymerketten schon bei relativ niedrigen Temperaturen durch HCl-Abspaltung zersetzen.

$$\left[-CH_2-\underset{\displaystyle Cl}{\underset{|}{CH}}- \right]_x$$

PE-HD = High-Density-Polyethylen besitzt einen relativ hohen Kristallinitätsgrad (60–80 %) und weist daher eine höhere Temperaturbeständigkeit auf.

$$[-CH_2-CH_2-]_x$$

PC = Polycarbonat besitzt aromatische Ringe in seiner Polymerkette, welche prinzipiell die Temperaturbeständigkeit verbessern (siehe Frage 9.33).

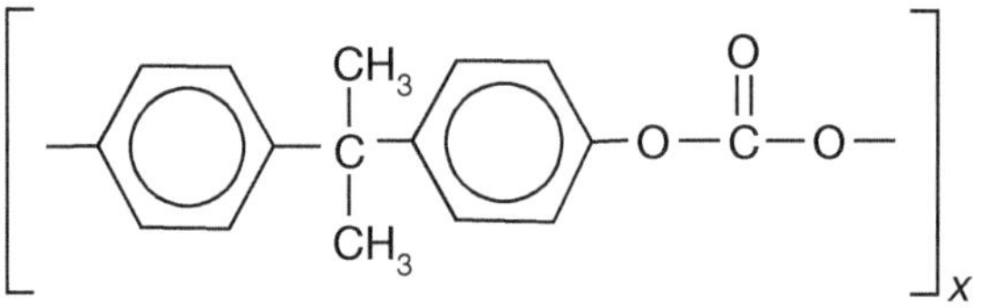

CH_3 O

C —O—C—O—

CH_3 $]_x$

PPE = Poly(2,6-dimethyl-1,4-)phenylenether hat mehr aromatische Ringe in seiner Polymerkette als PC und weist daher eine höhere Temperaturbeständigkeit auf.

CH_3

—O—

CH_3 $]_x$

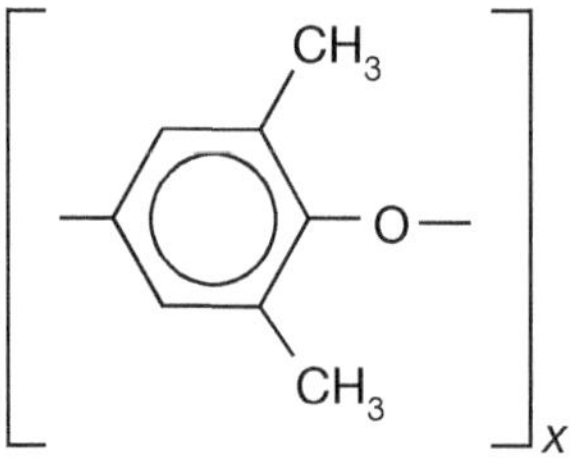

PTFE = Polytetrafluorethylen ist der Kunststoff mit der größten Temperaturbeständigkeit, da die starke Kohlenstoff-Fluor-Bindung thermisch beständig ist und die Kohlenstoffkette durch die Fluoratome sozusagen wie durch ein „Panzer" geschützt ist.

Lösung 9.35 Der Glasfaseranteil verleiht dem Kunststoff eine erheblich höhere Festigkeit.

Lösung 9.36 Aufgrund der unterschiedlichen Hydrophilie können die Kunststoffe unterschiedliche Mengen an Wasser aufnehmen. Diejenigen Kunststoffe, welche mehr Wasser aufnehmen, trocknen prinzipiell langsamer.
Ordnung nach steigender Hydrophilie:

1. Polypropylen (PP) ist ein unpolarer polymerer Kohlenwasserstoff,
2. Polycarbonat besitzt eine polare –O–CO–O– Gruppe,
3. Polyamid besitzt polare Amidgruppen –NH–CO–, welche auch Wasserstoffbrücken ausbilden können,

4. Celluloseacetat (CA) ist das Triacetat der Cellulose und hat damit drei hydrophile Gruppen pro Monomereinheit.

Somit nimmt PP am wenigsten Wasser auf und trocknet am schnellsten, während Celluloseacetat (Kunstseide) am meisten Wasser aufnimmt und daher am langsamsten trocknet.

Lösung 9.37 Polycarbonate enthalten die typische Atomgruppierung –O–CO–O– (oder $-CO_3-$). Sie sind glasklar, hart, duktil, bis hinab zu etwa −100 °C schlagzäh und relativ hoch thermisch belastbar. Sie werden für die Herstellung von CDs und Brillengläsern verwendet.

Lösung 9.38

(a) $HO-CH_2-CH_2-OH$

(b) $CH_2=CH-OH$

(c) $CH_3-CH_2-CH_2-CH_2-OH$

(d) $HOOC-C_6H_4-COOH$

(e) Cyclopentylamin ($C_5H_9-NH_2$)

a) Diese Verbindung hat zwei OH-Gruppen und kann deshalb über Polykondensation mit einer Verbindung mit zwei Carboxylgruppen polymere Ketten bilden.
b) Diese Verbindung enthält eine Doppelbindung und kann über Polymerisation Polymere aufbauen.
c) Dieses Molekül enthält nur eine OH-Gruppe und kann deshalb nicht zu Polymeren reagieren.
d) Dieses Molekül besitzt zwei Carboxylgruppen und kann mit einem bifunktionellen Alkohol durch Polykondensation Polymere bilden (siehe Teil a).
e) Dieser Stoff besitzt nur eine funktionelle Gruppe (NH_2) und kann keine Polymere aufbauen.

Lösung 9.39 Bei der Entstehung von Polyurethanen addieren sich Diisocyanate mit Dialkoholen.

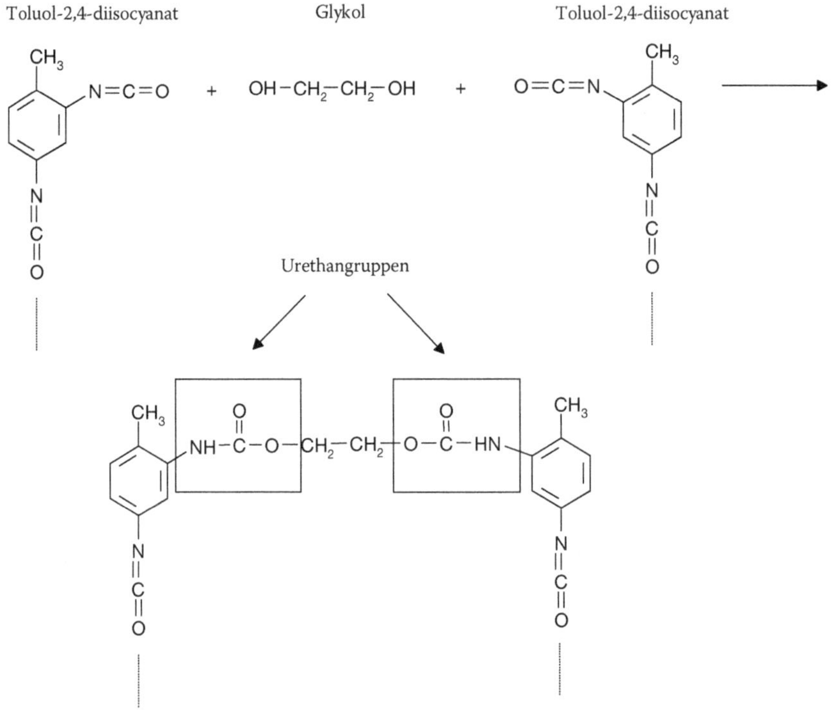

Toluol-2,4-diisocyanat Glykol Toluol-2,4-diisocyanat

CH_3 N=C=O + $OH-CH_2-CH_2-OH$ + O=C=N CH_3

Urethangruppen

CH_3 $NH-\overset{O}{\overset{\|}{C}}-O-CH_2-CH_2-O-\overset{O}{\overset{\|}{C}}-HN$ CH_3

Lösung 9.40 Sie finden Verwendung als Zweikomponentenkleber und für glasfaserverstärkte Formteile.

Lösung 9.41 Unter Pyrolyse versteht man im Allgemeinen den Prozess der thermischen Zersetzung von organischen Stoffen unter Luft- bzw. Sauerstoffausschluss (im Gegensatz zur Verbrennung). Dieser Vorgang tritt beim Erhitzen von Kunststoffen auf und ist besonders problematisch bei halogenhaltigen Kunststoffen (z. B. PVC), da dabei ätzende und korrosive Halogenwasserstoffe bzw. hochtoxische Dioxine und Furane gebildet werden.

Lösung 9.42 Silicone sind Kunststoffe, die in der Polymerkette abwechselnd Silicium und Sauerstoffatome aufweisen. Arten: Siliconöle, -fette, -kautschuk, -harze.

Lösung 9.43 Dies sind 1.) die chemische Struktur des Kunststoffmoleküls und 2.) der Kristallinitätsgrad. Kunststoffe mit unpolarer chemischer Struktur (z. B. Polystyrol) sind unbeständig gegen unpolare Lösungsmittel (z. B. Benzin), da diese leicht eindringen und den Kunststoff zerstören können. Bei gleicher chemischer Struktur ist die Beständigkeit gegen unpolare Lösungsmittel umso größer, je höher der Kristallinitätsgrad ist (z. B. PE-HD gegenüber PE-LD).

Lösung 9.44 Dies ist eine allmähliche Verformung unter gewöhnlicher Temperatur und unter einer mechanischen Belastung durch „gebundene Diffusion".

Lösung 9.45 UV-Strahlen lösen kovalente Bindungen. Beim Abspalten von Atomen oder Atomgruppen entstehen Doppelbindungen, die zu einer Verfärbung (Vergilben) des Kunststoffs beitragen, und der Kunststoff versprödet.

Lösung 9.46 Spannungsrissbildung bei Kunststoffen wird begünstigt durch Zugspannungen (äußere Belastungen oder Eigenspannungen) und die gleichzeitige Anwesenheit bestimmter flüssiger oder gasförmiger Stoffe wie z. B. Natronlauge oder Salpetersäure.

Lösung 9.47 Durch Brandschutzmittelzusätze wie Phosphor-, Halogen- oder Antimonverbindungen.

Lösung 9.48 PVC-U spaltet beim Erhitzen HCl ab, welches die Verbrennung unterdrückt (siehe auch Abschn. 9.7.6 im Lehrbuch).

Lösung 9.49 Bei der *Pyrolyse* werden die Kunststoffabfälle unter Ausschluss von Luft bzw. Sauerstoff auf etwa 500–800 °C erhitzt. Hierdurch erhält man niedermolekulare Stoffe (Pyrolysegas bzw. -öl), welche als Rohstoffe wieder eingesetzt werden können. Polykondensations- und Polyadditionskunststoffe können durch *Hydrolyse* (Erhitzen in wässrigen Säuren oder Basen) gespalten werden. Hierbei handelt es sich um eine Umkehrung der Gleichgewichtsbildungsreaktion.

Lösung 9.50 *UF = Harnstoff-Formaldehyd-Harz*: Dies ist ein Duroplast und kann deshalb nur durch Pyrolyse recycelt werden.
PA = Polyamid: Es ist ein thermoplastischer Polykondensationskunststoff und kann durch Umschmelzen, Hydrolyse sowie Pyrolyse recycelt werden.
PET = Polyethylenterephthalat: Es ist auch ein thermoplastischer Polykondensationskunststoff und Recycling kann durch Umschmelzen, Hydrolyse sowie Pyrolyse erfolgen.
PE = Polyethylen: Als thermoplastischer Polymerisationskunststoff kann es durch Umschmelzen und Pyrolyse recycelt werden.
PP = Polypropylen: Es ist wie PE ein thermoplastischer Polymerisationskunststoff und Recycling kann durch Umschmelzen und Pyrolyse erfolgen.
PVC = Polyvinylchlorid: Es ist ein thermoplastischer Polymerisationskunststoff und kann deshalb durch Umschmelzen und Pyrolyse recycelt werden (Vorsicht: HCl-Bildung, Möglichkeit von Dioxinbildung!).
MF = Melamin-Formaldehyd-Harz: Als Duroplast kann es nur mittels Pyrolyse recycelt werden.

Lösung 9.51 Dies sind Kunststoffe, die durch Bakterien biologisch abgebaut werden können (im Idealfall zu CO_2 und H_2O). Sie lassen sich deshalb zusammen mit dem normalen Biomüll kompostieren.

A.10
Antworten zu *Elektrochemie*

Lösung 10.1 Bei der Normal-Wasserstoffelektrode wird in einer Säure mit der Wasserstoffionenaktivität von 1 mol/l ein Platinblech bei 1,013 bar und 25 °C von Wasserstoffgas umspült. Sie dient als Bezugselektrode zur Ermittlung der elektrochemischen Spannungsreihe.

Lösung 10.2 Das Normalpotenzial ist das elektrochemische Potenzial, das ein Metall gegenüber der Normal-Wasserstoffelektrode hat, wenn es bei 25 °C in eine Salzlösung taucht, in der die Ionenkonzentration von diesem betreffenden Metall 1 mol/l beträgt.

Lösung 10.3

a) $Fe + Cu^{2+} \rightarrow Fe^{2+} + Cu$;
b) keine Reaktion;
c) $Cu + 2Fe^{3+} \rightarrow Cu^{2+} + 2Fe^{2+}$;
d) $2Al + 3Hg^{2+} \rightarrow 2Al^{3+} + 3Hg$;
e) $Cl_2 + 2Br^- \rightarrow 2Cl^- + Br_2$.

Für den generellen Reaktionsverlauf gilt: Das Redoxpaar mit dem negativeren elektrochemischen Potenzial geht von der reduzierten Form in die oxidierte Form über, das Redoxpaar mit dem positiveren elektrochemischen Potenzial geht von der oxidierten in die reduzierte Form über.

Lösung 10.4 a) Auf Zn scheidet sich eine Schicht elementaren Bleis ab; bei b) und c) passiert nichts. Pb^{2+} scheidet sich als elementares Pb gemäß der elektrochemischen Spannungsreihe dann ab, wenn es eine positivere Spannung als das Metall des jeweiligen Blechs aufweist („edler ist").

$$E_0(Pb/Pb^{2+}) = -0{,}13\,V\,,$$
$$E_0(Zn/Zn^{2+}) = -0{,}76\,V,$$
$$E_0(Ag/Ag^{+}) = +0{,}80\,V\,,$$
$$E_0(Cu/Cu^{2+}) = +0{,}34\,V)\,.$$

Lösung 10.5 Zunächst wird Salzsäure (HCl) eingesetzt; dabei löst sich nur Zn auf, da das Normalpotenzial von Zn negativer als das von H^+-Ionen ist:

$$E_0(Zn/Zn^{2+}) = -0{,}76\,V\,,\quad E_0(H_2/2H^{+}) = 0\,V$$

Ag kann von einer oxidierenden Säure wie Salpetersäure (HNO_3) gelöst werden:

$$(Ag/Ag^{+}) = +0{,}80\,V\,,\quad E_0(NO + 2H_2O/NO_3^- + 4H^{+}) = +0{,}96\,V$$

Au kann damit nicht aufgelöst werden und bleibt ungelöst zurück.

$$E_0(Au/Au^{3+}) = +1{,}5\,V$$

Au löst sich nur im sogenannten Königswasser (Gemisch aus konzentrierter HCl und HNO_3 im Verhältnis 3 : 1).

Lösung 10.6

a) Aus der Spannungsreihe ergibt sich: $E_0 = 1{,}36 - 0{,}34 = 1{,}02\,V$. Der Pluspol ist das Redoxpaar mit dem positiveren Potenzial: $2Cl^-/Cl_2$.
b) Lösung mithilfe der Nernst'schen Gleichung; Potenzial der Cu-Halbzelle:

$$E = 0{,}34 + (0{,}059/2) \cdot \lg 10^{-2}\,V = 0{,}281\,V$$

→ Potenzial zwischen den Halbzellen: $E = 1{,}36 - 0{,}281\,V = 1{,}08\,V$.

Lösung 10.7 Das Normalpotenzial der Goldhalbzelle kann der Spannungsreihe im Lehrbuch (Tab. 10.1) entnommen werden: $E_0(Au/Au^{3+}) = +1{,}5\,V$. Mit der Normalspannung der $Sn/Sn^{2+}//Au/Au^{3+}$-Zelle von $E_0 = 1{,}64\,V$ ergibt sich die Normalspannung der Zinnhalbzelle $E_0(Sn/Sn^{2+}) = 1{,}5 - 1{,}64\,V = -0{,}14\,V$. Den Minuspol bildet die Halbzelle mit dem unedleren Metall, also das Zinn.

Lösung 10.8 In 1-normalen, nicht oxidierenden Säuren lösen sich Metalle mit negativem Normalpotenzial. Von neutralem Wasser werden Metalle angegriffen, die ein negativeres elektrochemisches Potenzial als $-0{,}414\,V$ haben, sofern nicht eine zusammenhängende Schutzschicht das Metall vor dem Angriff schützt (siehe auch Übungsbeispiel 10.3 im Lehrbuch).

Lösung 10.9 Kupfer hat ein Normalpotenzial von $+0{,}34\,V$. Eine 1-normale HCl hat ein Normalpotenzial von $0\,V$ und kann daher Kupfermetall nicht angreifen. Salpetersäure ist eine oxidierende Säure und hat ein Normalpotenzial von $+0{,}96\,V$. Es löst daher metallisches Kupfer unter Bildung von NO auf.

Lösung 10.10 Die dunkle Deckschicht auf Silberlöffeln besteht typischerweise aus Silbersulfid Ag_2S, wenn man den Löffel beispielsweise zum Essen von einem Frühstücksei verwendet hat. Wenn der Löffel in einem Elektrolyten (Kochsalzlösung) in direkten Kontakt mit Aluminium gebracht wird, bildet sich ein Lokalelement, wobei folgende Reaktionen ablaufen:

$$Ag^+ + e^- \rightarrow Ag$$
$$Al \rightarrow Al^{3+} + 3e^-$$

Dabei nimmt das edlere Metall ($E_0(Ag|Ag^+) = +0{,}80\,V$) ein Elektron auf und wird abgeschieden. Das unedlere ($E_0(Al|Al^{3+}) = -1{,}66\,V$) gibt Elektronen ab und geht in Lösung.

Lösung 10.11 Edle Metalle haben ein positives elektrochemisches Potenzial; sie lassen sich nur durch oxidierende Säuren in Lösung bringen, deren Redoxpotenzial positiver als das der betreffenden edlen Metalle ist.

Lösung 10.12 Als Ätzlösungen werden verwendet:

a) Eisen(III)-chlorid-Lösung: $Cu + 2FeCl_3 \rightarrow CuCl_2 + 2FeCl_2$
Es hat eine hohe Ätzrate, aber die Aufbereitung der gebrauchten Ätzlösung (Eisen-Kupfersalz-Gemisch) ist schwierig.
b) Schwefelsaure Wasserstoffperoxidlösung: $Cu + H_2O_2 + H_2SO_4 \rightarrow CuSO_4 + 2H_2O$
Die Aufbereitung bzw. das Recycling der gebrauchten Ätzlösung ist einfach, da reines Kupfersulfat entsteht (kann im Prozessbad wiederverwendet werden).
c) Kupfer(II)-chlorid-Lösung: $Cu + Cu^{2+} \rightarrow 2Cu^+$
Diese ist am günstigsten, da sich die gebrauchten Ätzbäder entweder elektrolytisch regenerieren lassen $Cu^+ \rightarrow Cu^{2+} + e^-$ oder metallisches Kupfer gewonnen werden kann $Cu^+ + e^- \rightarrow Cu$.

Lösung 10.13 Die Lösung ergibt sich mithilfe der Nernst'schen Gleichung:

$$\Delta E = \frac{0{,}059\,16}{z} \cdot \lg \frac{c_1}{c_2}$$

$$\lg \frac{c_1}{c_2} = \frac{\Delta E \cdot 1}{0{,}059\,16} = 1{,}69$$

$$\frac{c_1}{c_2} = 49$$

Lösung 10.14 Elektrochemisches Potenzial für $Zn|Zn^{2+}$:

$$E_1 = -0{,}76\,\text{V} + (0{,}059\,16/2) \cdot \lg 0{,}1 = -0{,}79\,\text{V}$$

Elektrochemisches Potenzial für $H_2|2H^+$:

$$E_2 = 0\,\text{V} + (0{,}059\,16/1) \cdot \lg 10^{-4} = -0{,}237\,\text{V}$$

Potenzial des galvanischen Elements ergibt sich zu: $E_1 - E_2 = 0{,}553\,\text{V}$

Lösung 10.15 Um *praxisnahe* Bedingungen hinsichtlich der Metalle und der Elektrolyte zu realisieren.

Lösung 10.16 Potenzial der Wasserstoffelektrode bei pH 6:

$$E = 0 + (0{,}059/1) \cdot \lg 10^{-6} = 0{,}059 \cdot (-6) = -0{,}354\,\text{V}$$

Potenzial der Wasserstoffelektrode bei pH 9:

$$E = 0 + (0{,}059/1) \cdot \lg 10^{-9} = 0{,}059 \cdot (-9) = -0{,}531\,\text{V}$$

Lösung 10.17 Lösung mithilfe der Nernst'schen Gleichung:

$$E = E_0 + (0{,}059/1) \cdot \lg c_{H^+} \rightarrow -0{,}3 = 0{,}059 \cdot \lg c_{H^+}$$

$$c_{H^+} = 10^{(-0{,}3/0{,}059)}\,\text{mol/l} = 10^{-5{,}08}\,\text{mol/l}$$

$\rightarrow$ pH = 5,08

Lösung 10.18 Reaktionen beim Entladen des Zink-Brom-Akkumulators:

Minuspol: $Zn \rightarrow Zn^{2+} + 2e^-$
Pluspol: $Br_2 + 2e^- \rightarrow 2Br^-$

Die Normalspannung ergibt sich aus der elektrochemischen Spannungsreihe:

$Zn|Zn^{2+} = -0{,}76\,V$
$2Br^-|Br_2 = +1{,}07\,V$

Damit beträgt die theoretische Normalspannung $E_0 = 1{,}83\,V$.

Lösung 10.19 Reaktionen beim Entladen der Zink-Iod-Knopfzelle:

Minuspol: $Zn \rightarrow Zn^{2+} + 2e^-$
Pluspol: $I_2 + 2e^- \rightarrow 2I^-$

Die Normalspannung ergibt sich aus der elektrochemischen Spannungsreihe:

$Zn|Zn^{2+} = -0{,}76\,V$
$2I^-|I_2 = +0{,}54\,V$

Damit beträgt die theoretische Normalspannung $E_0 = 1{,}3\,V$.

Lösung 10.20

a) In den meisten Fällen wird eine Silber/Silberchlorid-Elektrode (Ag/AgCl-Elektrode verwendet. Dabei taucht eine Silberelektrode in eine Kaliumchloridlösung bestimmter Konzentration (meist ist es eine gesättigte Kaliumchloridlösung). Außerdem muss noch etwas schwer lösliches Silberchlorid vorhanden sein. Das Potenzial dieser Elektrode zweiter Art wird primär durch die Silberionenkonzentration bestimmt. Diese ergibt sich aus dem Löslichkeitsprodukt (siehe Abschn. 5.3 im Lehrbuch) und der Chloridionenkonzentration. Da die Chloridionenkonzentration sehr viel größer ist als die Silberionenkonzentration Kaliumchloridlösung), kann sie als praktisch konstant angenommen werden. Aus der Gleichung des Löslichkeitsproduktes ergibt sich, dass dann auch die Silberionenkonzentration konstant ist:

$$c_{Ag^+} = \frac{L_{AgCl}}{c_{Cl^-}}$$

Wird die Ag/AgCl-Elektrode als Bezugselektrode benutzt, können während der Messung geringe Ströme fließen, ohne dass das Potenzial verändert wird, da in diesem System keine Änderungen der Potenzial bestimmenden Silberionenkonzentration hervorgerufen werden (Löslichkeitsprodukt ist konstant, hohe Chloridionenkonzentration ändert sich nicht).

b) Früher wurde auch die sogenannte Kalomelelektrode verwendet. Dabei wird Quecksilbermetall eingesetzt, das vom schwer löslichen Quecksilbersalz Kalomel (Hg_2Cl_2) und einer KCl-Lösung genau definierter Konzentration umgeben ist. Hierbei ist das Quecksilberion das Potenzial bestimmende Ion. Prinzipiell funktioniert sie genau wie die Ag/AgCl-Elektrode (Teil a). Aufgrund der Toxizität des Quecksilbers werden Kalomelelektroden heute typischerweise nicht mehr verwendet.

Lösung 10.21 Ja, die Kaliumchloridlösung mit ihren Chloridionen bestimmt bei der Silberchloridelektrode über das Löslichkeitsprodukt des AgCl die Konzentration der Silberionen (siehe Gleichung Aufgabe 10.20), die Silberionen jedoch bedingen das Potenzial der Silberelektrode.

$$E_{\mathrm{Ag^+}} = E_0 + 0{,}059\,16 \cdot \lg c_{\mathrm{Ag^+}} = E_0 + 0{,}059\,16 \cdot \lg \frac{L_{\mathrm{AgCl}}}{c_{\mathrm{Cl^-}}}$$

Entsprechendes gilt für die Quecksilber/Quecksilberchlorid-Elektrode (Kalomelelektrode).

Lösung 10.22 Elektrodenkombinationen zur pH-Messung:
Bezugselektroden:

1. Ag/AgCl-Elektrode
2. Hg/Hg_2Cl_2 Elektrode

pH-Messelektroden (mit typischem Messbereich):

1. Glaselektrode (pH 0–10)
2. ionenselektiver Feldeffekttransistor (ISFET) (pH 2–12)

Silber/Silberchlorid-Elektrode und Kalomelelektrode sind Vergleichselektroden, die ein konstantes Bezugspotenzial gewährleisten sollen. Die Wartung erfolgt durch Erneuern der Kaliumchloridlösung (Nachfüllöffnung!), sobald sich ihre Konzentration während des Gebrauchs verändert hat (Vorsicht beim Entleeren!). Bei der Silber/Silberchlorid-Elektrode muss das schwer lösliche Silberchlorid als Bodensatz im Elektrodengefäß verbleiben. Die Glaselektrode muss regelmäßig mithilfe von Pufferlösungen (= konstanter pH-Wert!) kalibriert werden.
Bei der Glaselektrode lädt sich die Außenwandung einer dünnen Glaskugel abhängig vom pH-Wert elektrisch auf. Das elektrische Potenzial wird über die in der Glaskugel befindliche Pufferlösung durch einen Platindraht abgegriffen, Messbereich: pH 0–10. Die ISFET sind Elektroden auf Halbleiterbasis. Sie bestehen im Prinzip aus einem Transistor (siehe Abschn. 6.4.2.5 im Lehrbuch). Hierbei wird anstelle des elektrischen Steueranschlusses (Gate) eine H^+-ionenselektive Schicht aufgebracht. Eine unterschiedliche H^+-Ionenkonzentration ändert das Oberflächenpotenzial an der ionenselektiven Schicht und damit proportional den Transistorstrom (Source-Drain), der gemessen wird.

Lösung 10.23 Reaktionen des Alkali-Mangan-Elements:

Anode (– Pol): $Zn \rightarrow Zn^{2+} + 2e^-$

Kathode (+ Pol): $MnO_2 + H_2O + e^- \rightarrow MnOOH + OH^-$

Die Stromkosten sind etwa tausendmal so hoch wie für die gleiche Strommenge aus der Steckdose.

Lösung 10.24 Die Elektrodenoberflächen von Bleiakkumulatoren im geladenen Zustand bestehen aus: Blei (grau) und Bleidioxid (schwarz bis braun); im ungeladenen Zustand aus: Bleisulfat (weiß). Als Elektrolyt wird Schwefelsäure (H_2SO_4) eingesetzt.

Lösung 10.25 Den Ladungszustand von Bleiakkumulatoren erkennt man an:

a) der Farbe der Elektroden (siehe Antwort 10.24) und
b) der Dichte der Schwefelsäure. Diese verringert sich beim Entladen, da hierbei Wasser entsteht:

$$Pb + PbO_2 + 2H_2SO_4 \underset{\text{Laden}}{\overset{\text{Entladen}}{\rightleftarrows}} 2PbSO_4 + 2H_2O$$

Lösung 10.26 Wasserstoffgas (H_2) kann sich bilden und durch Raumentlüftung (oben, da H_2 leichter als Luft ist) entfernt werden.

Lösung 10.27 Die Spannung des Bleiakkus beträgt etwa 2 V.

Lösung 10.28 Der Nickel-Metallhydrid-Akku enthält kein toxisches Cadmium und damit weniger umweltbelastende Stoffe und ist kompatibel mit dem Nickel-Cadmium-System. Im Gegensatz zum Nickel-Cadmium-Akku weist er nur einen geringen Memory-Effekt auf.
Der Ersatz von Nickel-Cadmium-Akkumulatoren in Geräten ist überall möglich, wo es nicht auf extreme Hochstromentladung ankommt.

Lösung 10.29 Reaktionen beim Lithium-Ionen-Akkumulator:

Anode: $LiC \underset{\text{Laden}}{\overset{\text{Entladen}}{\rightleftarrows}} Li^+ + C + e^-$

Kathode: $2Li_{0,5}CoO_2 + Li^+ + e^- \underset{\text{Laden}}{\overset{\text{Entladen}}{\rightleftarrows}} 2LiCoO_2$

Lösung 10.30 Brennstoffzellen sind galvanische Elemente, in denen brennbare Stoffe (meist H_2) durch elektrochemische, Strom liefernde Reaktionen mit Luft oder Sauerstoff oxidiert werden.

Lösung 10.31 Bei diesen Zellen wird anstatt eines flüssigen Elektrolyten eine protonenleitende Kunststofffolie (sogenannte Nafion-Folie, Fa. Du Pont) mit einer

Stärke von lediglich 0,1 mm verwendet. Die Protonenleitung erfolgt über hydrophile negativ geladene Gruppen, welche im Polymer verankert sind:

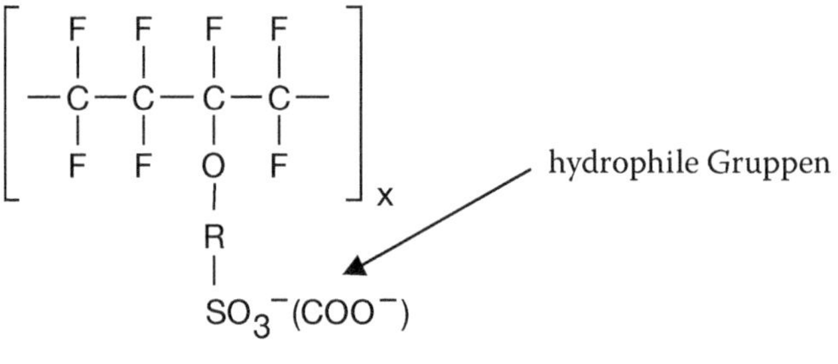

```
[   F   F   F   F   ]
    |   |   |   |
 —C—C—C—C—
    |   |   |   |
    F   F   O   F   ]x        hydrophile Gruppen
            |
            R
            |
            SO3⁻(COO⁻)
```

Lösung 10.32 EMK = „elektromotorische Kraft“ = maximale elektrochemische Spannung, die dann vorhanden ist, wenn kein elektrischer Strom fließt. Messung durch die Kompensationsmethode beim Anlegen einer gleich großen Gegenspannung.

Lösung 10.33 Elektrolytische Vorgänge an der Kathode: Metallabscheidung oder Wasserstoffgasentwicklung.
Elektrolytische Vorgänge an der Anode: Metallauflösung oder Gasentwicklung (z. B. O_2 oder Halogene).

Lösung 10.34 1. Faraday’sches Gesetz: Die bei der Elektrolyse abgeschiedenen Stoffmengen sind proportional den durch den Elektrolyten geflossenen Ladungsmengen: $m \sim Q$ bzw. $m \sim I \cdot t$.
2. Faraday’sches Gesetz: Die durch gleiche Strommengen abgeschiedenen Stoffmengen verhalten sich zueinander wie ihre Äquivalentmassen:

$$m = \frac{M \cdot Q \cdot a}{z \cdot F} = \frac{M \cdot I \cdot t \cdot a}{z \cdot F}$$

Lösung 10.35 Die Berechnung erfolgt mithilfe des 2. Faraday’schen Gesetzes (Auflösung nach z):

$$z = \frac{M \cdot Q \cdot a}{m \cdot F} = \frac{55{,}8\,\frac{\text{g}}{\text{mol}} \cdot 15 \cdot 60\,\text{s} \cdot 0{,}12\,\text{A} \cdot 1}{0{,}021\,\text{g} \cdot 96\,485\,\frac{\text{As}}{\text{mol}}} = 2{,}97 \approx 3$$

Es handelt sich also um Fe^{3+}-Ionen.

Lösung 10.36 Leiter erster Klasse sind Metalle; Leiter zweiter Klasse sind Elektrolyte. Die elektrischen Leitfähigkeiten von Metallen zu denen von Elektrolyten verhalten sich etwa wie 100 000 : 1.

Lösung 10.37 Die Berechnung erfolgt mithilfe des 2. Faraday’schen Gesetzes, da die Entladungsreaktion die Umkehrung der Ladungs- (Abscheidungs-)Reaktion des Akkus ist.

Die gesamte Leistungsaufnahme beträgt $P = 2 \cdot 67 + 2 \cdot 21\,\mathrm{W} = 176\,\mathrm{W}$.
Beim Entladen läuft folgende Reaktion ab:

$$\mathrm{Pb + PbO_2 + 2H_2SO_4 \rightarrow 2PbSO_4 + 2H_2O}$$

2. Faraday'sches Gesetz:

$$m = \frac{M \cdot Q \cdot a}{z \cdot F} = \frac{M \cdot I \cdot t \cdot a}{z \cdot F}$$

$$I = \frac{P}{U} = \frac{176\,\mathrm{W}}{12\,\mathrm{V}} = 14{,}7\,\mathrm{A}$$

$$m = \frac{303{,}3\,\frac{\mathrm{g}}{\mathrm{mol}} \cdot 14{,}7\,\mathrm{A} \cdot 900\,s \cdot 0{,}95}{2 \cdot 96\,485\,\frac{\mathrm{As}}{\mathrm{mol}}} = 19{,}8\,\mathrm{g}$$

Da gemäß der Reaktionsgleichung zwei Mol Bleisulfat gebildet werden, muss der Wert verdoppelt werden. Es entstehen also 38,4 g Bleisulfat.

Lösung 10.38 Die Berechnung erfolgt mithilfe des 2. Faraday'schen Gesetzes (Auflösung nach t):

$$t = \frac{m \cdot z \cdot F}{M \cdot I \cdot a} = \frac{15 \cdot 10^3\,\mathrm{g} \cdot 2 \cdot 96\,485\,\frac{\mathrm{As}}{\mathrm{mol}}}{63{,}5\,\frac{\mathrm{g}}{\mathrm{mol}} \cdot 100 \cdot 10^3\,\mathrm{A} \cdot 0{,}8} = 570\,\mathrm{s}$$

Lösung 10.39 Berechnung der abgeschiedenen Masse:

$$m = \rho \cdot V = \rho \cdot A \cdot d = 7{,}2 \cdot 10^3\,\mathrm{kg/m^3} \cdot 0{,}32\,\mathrm{m^2} \cdot 0{,}23 \cdot 10^{-3}\,\mathrm{m} = 0{,}53\,\mathrm{kg}$$

Berechnung der Stromstärke mithilfe des 2. Faraday'schen Gesetzes (Auflösung nach I)

$$I = \frac{m \cdot z \cdot F}{M \cdot t \cdot a} = \frac{530\,\mathrm{g} \cdot 6 \cdot 96\,485\,\frac{\mathrm{As}}{\mathrm{mol}}}{52\,\frac{\mathrm{g}}{\mathrm{mol}} \cdot 3000\,\mathrm{s} \cdot 1} = 1967\,\mathrm{A}$$

Lösung 10.40 Lösung mithilfe des 2. Faraday'schen Gesetzes (Auflösung nach t)

$$t = \frac{m \cdot z \cdot F}{M \cdot I \cdot a} = \frac{5 \cdot 10^3\,\mathrm{g} \cdot 2 \cdot 96\,485\,\frac{\mathrm{As}}{\mathrm{mol}}}{24{,}3\,\frac{\mathrm{g}}{\mathrm{mol}} \cdot 7\,\mathrm{A} \cdot 1} = 5672\,\mathrm{s}$$

Lösung 10.41 In dieser Lösung sind zwei verschiedene Kationen Zn^{2+} und H^+ vorhanden. Beim Anlegen einer Gleichspannung wird nur das Ion entladen, dessen Potenzial gemäß der elektrochemischen Spannungsreihe, der Nernst'schen Gleichung und der Überspannung geringer ist als die angelegte äußere Spannung.
Potenzial der Zinkionen:

$$E(\mathrm{Zn}|\mathrm{Zn^{2+}}) = -0{,}76\,\mathrm{V} + (0{,}059/2) \cdot \lg 0{,}005\,\mathrm{V} = -0{,}83\,\mathrm{V}$$

Dies bedeutet, dass die angelegte Spannung größer sein muss als –0,83 V; ansonsten wird statt Wasserstoff metallisches Zink abgeschieden.
Berechnung des notwendigen pH-Werts unter Berücksichtigung der Überspannung (–0,7 V):

$$E = E_0 + (0{,}059/1) \cdot \lg c_{H^+} - 0{,}7\,V \rightarrow -0{,}83\,V = 0{,}059 \cdot \lg c_{H^+} - 0{,}7\,V$$

$$c_{H^+} = 10^{(-0{,}13/0{,}059)}\,\text{mol/l} = 10^{-2{,}2}\,\text{mol/l}$$

$$\rightarrow \text{pH} = 2{,}2$$

Der pH-Wert muss also kleiner als 2,2 sein, damit Wasserstoff abgeschieden wird.

Lösung 10.42 Es müssen die entsprechenden Normspannungen in der Spannungsreihe mit der elektrochemischen Spannung für $H_2|2H^+$ bei pH 7 (E = –0,414 V, siehe Abschn. 10.1.3.1b im Lehrbuch) verglichen werden. Die Metalle mit einer Normspannung kleiner als E_0 = –0,414 V (Na, Mg, Al) können nicht durch Elektrolyse einer wässrigen Lösung abgeschieden werden, da sich dann durch Zersetzung von Wasser Wasserstoff bilden würden. Sie müssen durch Elektrolyse der entsprechenden Salzschmelzen hergestellt werden. Die Metalle Cu und Ag besitzen eine Normspannung größer als E_0 = –0,414 V und können deshalb aus einer wässrigen Lösung abgeschieden werden.

Lösung 10.43 Chlor-Alkali-Elektrolyse bedeutet die Elektrolyse einer Natriumchloridlösung (Meerwasser) im industriellen Maßstab. Folgende Reaktionen laufen ab:

Kathode (– Pol):	$2H_2O + 2e^- \rightarrow H_2 + 2OH^-$
Anode (+ Pol):	$2Cl^- \rightarrow Cl_2 + 2e^-$
Gesamt:	$2Na^+ + 2Cl^- + 2H_2O \rightarrow H_2 + Cl_2 + 2Na^+ + 2OH^-$

Es entstehen folgende Produkte: H_2, Cl_2 und NaOH.

Lösung 10.44

a) Kathode: $4Al^{3+} + 12e^- \rightarrow 4Al$
Anode: $6O^{2-} \rightarrow 3O_2 + 12e^-$; O_2 reagiert mit der Grafitelektrode zu CO.
b) Aluminium ist unedel und würde sofort mit Wasser reagieren.
c) Lösung mithilfe des 2. Faraday'schen Gesetzes (Auflösung nach t):

$$t = \frac{m \cdot z \cdot F}{M \cdot I \cdot a} = \frac{4\,g \cdot 3 \cdot 96\,485\,\frac{As}{mol}}{27\,g \cdot 50 \cdot 10^3\,A \cdot 0{,}9} = 0{,}95\,s$$

Lösung 10.45

a) Kathode: $2H^+ + 2e^- \rightarrow H_2$; Anode: $2Cl^- \rightarrow Cl_2 + 2e^-$
b) Kathode: $2H_2O + 2e^- \rightarrow H_2 + 2OH^-$; Anode: $2H_2O \rightarrow 4H^+ + O_2 + 4e^-$
c) Kathode: $2H_2O + 2e^- \rightarrow H_2 + 2OH^-$; Anode: $2Br^- \rightarrow Br_2 + 2e^-$
d) Kathode: $Cu^{2+} + 2e^- \rightarrow Cu$; Anode: $2I^- \rightarrow I_2 + 2e^-$

Lösung 10.46 Die Zersetzungsspannung ist die niedrigste Spannung, bei der ein merklicher elektrochemischer Prozess (insbesondere die Abscheidung eines Gases) abläuft. Die Überspannung ist die über die Zersetzungsspannung hinaus aufzuwendende Spannung, damit (abhängig hauptsächlich von der chemischen Zusammensetzung und der Oberflächenbeschaffenheit der Elektrode) ein merklicher elektrochemischer Prozess abläuft.

Lösung 10.47 Konzentrationspolarisation (Diffusionspolarisation) kann beispielsweise bei der Elektrolyse von Metallsalzlösungen bei sehr verdünnten Lösungen und relativ hohen Stromdichten auftreten. Hierbei tritt an der Kathode infolge der Abscheidung von Metallionen eine Verarmung und an der Anode infolge des In-Lösung-gehens von Metallionen eine Anreicherung an Metallionen auf. Die Konzentrationsunterschiede bedingen eine der angelegten elektrischen Spannung entgegengesetzt gerichtete „Polarisationsspannung", Diese kann mithilfe der Nernst'schen Gleichung berechnet werden.

Lösung 10.48 Es ist zunächst eine mechanische Vorbehandlung der Oberfläche sowie eine Entfettung notwendig. Die Entfettung erfolgt durch Reinigungs- (Tensid-)Lösungen (eventuell auch im Ultraschallbad) und durch elektrolytisches Entfetten. Es wird schließlich elektrolytisch poliert (entgratet). Beim Elektroentgraten werden Spitzen und Grate anodisch aufgelöst, da sich an ihnen eine höhere Ladungs- und Stromdichte einstellt.

Lösung 10.49 Wichtige galvanisch aufgetragene Metallschutzschichten sind:

- Kupfer zur „Unterkupferung" galvanischer Metalle,
- Nickel als Metall für Hochglanzschichten,
- Chrom als beständiger Endüberzug und zur Hartverchromung
- Zinn, Zink, Messing (bzw. Bronze) als Korrosionsschutz.

Lösung 10.50 *Lochfraß*: Es handelt sich um eine punktförmige Korrosion infolge entweder Lokalelementbildung (zwei verschiedene Metalle) oder unterschiedlicher Elektrolytzusammensetzung oder Verletzung von Oxidschutzschichten.
Untergrundkorrosion: Sie entsteht bei Verletzung von Schutzschichten aus edleren Metallen.
Gefügezerfall: Durch anodische Auflösung einzelner Gefügebestandteile wird der Zusammenhalt des gesamten Gefüges zerstört.
Spannungsrisskorrosion: Sie entsteht durch Einwirkung von Zugspannungen und gleichzeitiger Anwesenheit eines Elektrolyten bei vorhandenen elektrochemischen Potenzialunterschieden (hervorgerufen durch unterschiedliche Normalpotenziale oder unterschiedliche Elektrolytkonzentrationen).
Schwingungskorrosion: Bei Schwingungsvorgängen können Versetzungen im Gitteraufbau an die Metalloberfläche wandern und bei Anwesenheit eines Elektrolyten als „Lokalanoden" korrodieren.

Erosionskorrosion: Durch hohe Strömungsgeschwindigkeiten werden Schutzschichten abgetragen und das darunterliegende Metall rasch zerstört.
Kavitation: Durch Zusammenbrechen von (Vakuum-)Blasen entstehen Flüssigkeitsstöße auf der Werkstoffoberfläche. Sie führen zu einer Abtragung des Werkstoffs.
Heißkorrosion: Dies sind chemische Veränderungen bei höheren Temperaturen durch Eindiffundieren von korrodierenden Gasen in den Werkstoff.
Wasserstoffkrankheit des Kupfers: Sie kann entstehen, wenn Wasserstoffgas bei Temperaturen über 500 °C in Kupferoxid enthaltendes Kupfer eindringt und mit dem Cu_2O Wasser bildet. Die größeren Wassermoleküle können dann nicht mehr hinausdiffundieren und führen zum Aufreißen des Kupfermetalls.

Lösung 10.51 Metallische Schutzschichten kann man auf Metalle aufbringen durch: Eintauchen in Metallschmelzen (Tauchverfahren), elektrolytische Metallabscheidung (Galvanisieren oder Elektroplattieren), Aufbringen von Metallfolien (Plattieren), Aufspritzen von geschmolzenem, zerstäubtem Metall (Metallspritzverfahren), Aufdampfen im Hochvakuum (Aufdampfverfahren), chemische Reduktion von Metallionen (stromlose Metallabscheidung), Eindiffundieren von Schutzmetallen (Diffusionsverfahren wie Sherardisieren, Alitieren, Kalorisieren, Inchromieren oder Silicieren).

Lösung 10.52 Das Rosten von Autokarosserien beginnt meist an den Schweißnähten, da dort interkristalline Korrosion auftritt. Dies liegt daran, dass durch die Wärmebehandlung des Chromnickelstahls an den Korngrenzen Chromcarbid ausgeschieden wird, was zu einer lokalen Chromverarmung und infolge davon bei Anwesenheit eines Elektrolyten zu einer anodischen Auflösung des Eisens führt. Neutralsalze wie NaCl erhöhen die scheinbare Konzentration (auch Aktivität genannt) der korrosiv wirkenden Stoff (z. B. H^+-Ionen), sodass die Korrosionswirkung verstärkt wird (zu „Aktivität" siehe auch Abschn. 5.2.3 im Lehrbuch).

Lösung 10.53 Chrom ist unedler als Eisen ($E_0(Cr|Cr^{3+}) = -0{,}74$ V, $E_0(Fe|Fe^{2+}) = -0{,}44$ V), deshalb sollte es bei einer Verletzung der Schutzschicht und der Ausbildung eines galvanischen Elements bevorzugt in Lösung gehen („opfert" sich). Dadurch wird das Eisen geschützt.

Lösung 10.54 Zink ist unedler als Kupfer und geht bei direktem leitenden Kontakt in Lösung ($E_0(Cu|Cu^{2+}) = +0{,}34$ V, $E_0(Zn|Zn^{2+}) = 0{,}76$ V). Somit würde die Eisenschelle ihre Schutzschicht verlieren. Es empfiehlt sich im Kontaktbereich Isolierband zu verwenden.

Lösung 10.55 Zur theoretischen Überprüfung der Beständigkeit müssen die elektrochemischen Potenziale der Reaktionspartner verglichen werden:
Elektrochemisches Potenzial von $Sn|Sn^{2+}$ (siehe Spannungsreihe im Lehrbuch) = $-0{,}14$ V.

Das elektrochemisches Potenzial von $H_2|2H^+$ der Essigsäure bei pH = 4 wird mit der Nernst'schen Gleichung berechnet:

$$E = E_0 + 0{,}059\,16 \cdot \lg c_{H^+} = 0\,V + 0{,}059\,16 \cdot \lg 10^{-4}\,V = -0{,}237\,V$$

Da das Potenzial von $Sn|Sn^{2+}$ größer ist als das von $H_2|2H^+$ ($-0{,}14\,V > -0{,}237\,V$), müsste der Zinnbecher nach den Berechnungen beständig sein!

Lösung 10.56

a) Anodisches Oxidieren von Aluminium und
b) Chromatieren.

Lösung 10.57 *Brünieren*: Herstellen einer zusammenhängenden Oxidschicht auf Stahl oder Eisen durch Eintauchen in Schmelzen oder Lösungen aus alkalischen Oxidationsbädern. Es dient dem Korrosionsschutz.
Phosphatieren: Eintauchen und Reaktion von Metallteilen in Phosphatbäder bei erhöhter Temperatur. Es dient dem Korrosionsschutz, ferner als Haftgrundlage für Lackanstriche und zur Verminderung des Reibungskoeffizienten.

Lösung 10.58 Dies sind Elektroden, welche nach dem potenziometrischen Prinzip arbeiten, aber nur spezifisch auf bestimmte Ionen ansprechen. Diese Eigenschaft beruht entweder auf dem Austausch von Ionen, wie bei der Glaselektrode (z. B. pH-Elektrode), oder auf Komplexbildungs-, Verteilungs- oder Löslichkeitsgleichgewichten. Hierfür wurden Festkörper- bzw. Flüssigmembranelektroden entwickelt. Ein häufiges Problem dieser ionenselektiven Elektroden ist ihre Querempfindlichkeit gegenüber chemisch ähnlichen Ionen.

Lösung 10.59 Diese Schutzschichten lassen sich aufbringen durch: Flammspritzverfahren, Wirbelsinterverfahren, Pulversprühverfahren, ferner durch Einbrennen von Kunststoffdispersionsanstrichen.

Lösung 10.60 Lösung mithilfe der Spannungsreihe: Zn ist unedler als Eisen und löst sich auf („opfert" sich), während Sn edler als Eisen und damit beständig ist:

$$E_0(Zn|Zn^{2+}) = -0{,}76\,V$$
$$E_0(Sn|Sn^{2+}) = -0{,}14\,V$$
$$E_0(Fe|Fe^{2+}) = -0{,}44\,V$$

Lösung 10.61 Voltammetrie ist die Sammelbezeichnung für elektrochemische Analysenmethoden, mit denen anhand von Strom-Spannungs-Kurven die Art und die Menge der in einer gelösten Analysenprobe enthaltenen Stoffe bestimmt werden können. Bei der Polarografie erfolgt die Aufnahme der Strom-Spannungs-Kurven mit flüssigen Arbeitselektroden (z. B. Quecksilbertropfelektrode).

Lösung 10.62 Für den kathodischen Korrosionsschutz gibt es prinzipiell zwei Methoden:

a) Opferanode: Hierbei wird ein Stück unedleres Metall (z. B. Magnesium oder Zink) mit dem zu schützenden Metallteil leitend verbunden. Dabei löst sich das unedlere Metall auf („opfert sich") und schützt das edlere Metallteil (meist Eisenwerkstoffe).
b) Anlegen einer Freispannung: Hierbei wird durch Anlegen einer Gleichspannung das zu schützende Metall zur Kathode gemacht und ist so vor Korrosion geschützt. Die Anode besteht aus einem sich nicht auflösenden Material (z. B. Grafit).

Lösung 10.63 *Leitfähigkeitsmethode* (Konduktometrie): Änderung der elektrischen Leitfähigkeit bei der Titration infolge unterschiedlicher Ionenbeweglichkeit (Äquivalentleitfähigkeit) oder unterschiedlicher Dissoziation.
Potenziometrie: Änderung der ionenspezifischen elektrochemischen Potenziale mit der Konzentration der betreffenden Ionen.
Amperometrie: Einstellung eines konstanten Elektrodenpotenzials und Messung des dabei fließenden Stromes.
Coulometrie (Anwendung der Faraday'schen Gesetze): Man misst die Strommengen, die zur Regeneration des verbrauchten Reagenz notwendig sind und deswegen den Mengen des analysierten Stoffes proportional sind.

Lösung 10.64 Bei der Lambda-Sonde wird das Prinzip der Direktpotenziometrie zur Messung des Sauerstoffgehaltes in Abgasen mittels einer Zirkondioxidsonde benutzt. Eine Membran aus modifiziertem Zirkondioxid dient als Feststoffelektrolyt zur Leitung von Sauerstoffionen. Sie ist auf beiden Seiten mit fein verteiltem Platinmetall beschichtet. Befindet sich diese Feststoffmembran als Trennschicht zwischen zwei Atmosphären unterschiedlicher Sauerstoffpartialdrücke, so kann zwischen der inneren und äußeren Platinschicht gemäß der Nernst'schen Gleichung eine Spannung abgegriffen werden:

$$E = \frac{R \cdot T}{4 \cdot F} \cdot \ln \frac{p_{O_2}(\text{Luft})}{p_{O_2}(\text{Abgas})} \qquad p_{O_2}\text{: Sauerstoffpartialdruck}$$

Lösung 10.65 SO_2-Immissionsmessungen können nach der Leitfähigkeitsmethode durchgeführt werden, das SO_2 mit H_2O_2 Schwefelsäure bildet, die eine hohe elektrische Leitfähigkeit besitzt.

Lösung 10.66 Die potenziometrische Titration ist eine Methode, welche auf der Messung von ionenspezifischen elektrochemischen Potenzialen beruht. Hierbei taucht eine Messelektrode und eine Referenzelektrode (z. B. Silber/Silberchlorid-Elektrode) in die zu analysierende Lösung. Es wird die Änderung des Potenzials in Abhängigkeit der zugegebenen Reagenzlösung aufgezeichnet. Am sogenannten Äquivalenzpunkt findet eine sprunghafte Änderung der Konzentration und damit des Potenzials (Spannungsdifferenz) statt (zu Titration siehe auch Abschn. 5.2.7 im Lehrbuch).

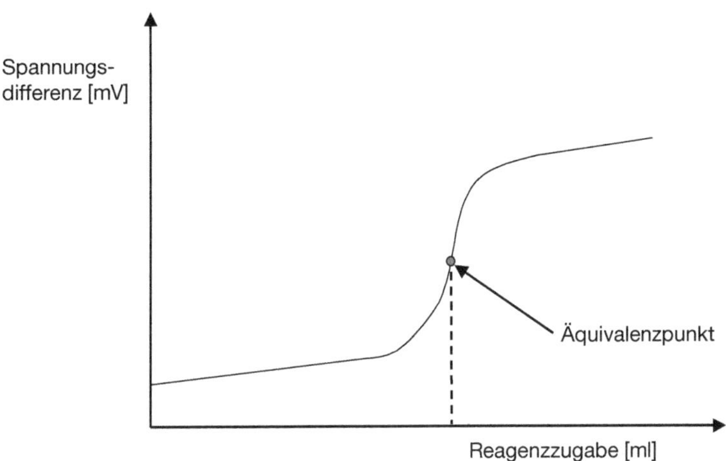

A.11
Antworten zu *Spektren und ihre Anwendungen*

Lösung 11.1 Unter einem Spektrum versteht man die Anordnung oder Wiedergabe von elektromagnetischen Wellen oder von atomaren Massen in Abhängigkeit von z. B. der Wellenlänge oder der Massenzahl.

Lösung 11.2 Ein *Absorptionsspektrum* zeigt in charakteristischen Wellenlängenbereichen eine verminderte Strahlung, weil dort aus einem kontinuierlichen Spektrum bestimmte Wellenlängenbereiche durch Materie, die sich zwischen der Strahlenquelle und dem Beobachter (dem Analysegerät) befindet, durch Energieaufnahme (Absorption) herausgeholt worden sind. Es zeigt also dunkle Spektrallinien vor einem hellen Hintergrund.
Ein *Emissionsspektrum* zeigt im Gegensatz dazu helle Linien vor einem dunklen Hintergrund. Es entsteht dadurch, dass Materie beim Übergang von einem energiereicheren, angeregten Zustand in eine energieärmere Lage oder in den Grundzustand bestimmte, charakteristische Strahlen aussendet.

Lösung 11.3 Eine Fluoreszenz-(Emissions-)strahlung tritt dann auf, wenn Elektronen aus einem elektronischen Grundzustand zunächst durch Absorption von Strahlung in einen angeregten elektronischen Zustand übergehen, dann strahlungslos auf einen unteren Schwingungszustand zurückfallen und von dort unter Emission von Fluoreszenzlicht in den elektronischen Grundzustand zurückkehren. Da das Elektron bereits strahlungslos Energie abgibt, ist die emittierte Strahlung etwas energieärmer als die absorbierte Strahlung und besitzt somit eine größere Wellenlänge. Bei der Phosphoreszenz passiert prinzipiell dasselbe, nur erfolgt vor der Rückkehr der angeregten Elektronen zum Grundzustand zunächst eine Umwandlung zu einem anderen Elektronenzustand.

Lösung 11.4 Optische Aufheller sind fluoreszierende Zusätze, welche meist in Waschmitteln bzw. in Papierchemikalien verwendet werden. Sie absorbieren Strahlung im kurzwelligen UV-Bereich (290–400 nm) und emittieren Strahlung im langwelligeren, sichtbaren, blauen Bereich (> 400 nm). Dadurch erhält die weiße Wäsche einen „Blaustich", welcher vom menschlichen Auge als Erhöhung des Weißgrades empfunden wird.

Lösung 11.5 Sie können entweder Linienspektren oder Bandenspektren aufweisen. *Linienspektren* entstehen durch einzelne, für sich isolierte, gequantelte Energieübergänge. Ein Beispiel hierfür sind Elektronensprünge zwischen Energieniveaus (Elektronenschalen) bei verdampften, chemisch nicht gebundenen Einzelatomen.
Bandenspektren treten bei chemisch miteinander verbundenen Atomen (= Molekülen) auf. Hierbei werden die durch Elektronensprünge verursachten Spektrallinien von Linien von Änderungen der Schwingungs- und Rotationsniveaus des Moleküls überlagert. Durch die große Zahl der Schwingungs- und Rotationsniveaus verschmelzen die einzelnen Linien zu Banden. Bandenspektren treten in Lösungen oder Flüssigkeiten auf.

Lösung 11.6 Die *Neutronenaktivierungsanalyse* erlaubt die Erfassung geringster Spuren von chemischen Elementen. Hierbei werden die Proben mit Neutronen bestrahlt, die dabei entstehenden radioaktiven Isotope geben durch ihre spezifische γ-Strahlung Auskunft über Art und Menge der anwesenden chemischen Elemente.

Lösung 11.7 Die *Röntgenfluoreszenzanalyse* dient hauptsächlich zur Bestimmung von chemischen Elementen in Verbindungen oder Legierungen (z. B. beim Goldankauf). Hierbei bestrahlt man die Probe mit kontinuierlicher Röntgenstrahlung, wobei K-Elektronen aus der innersten Schale herausgeschlagen werden und die Elektronen dann stufenweise auf die innerste Schale zurückkehren. Die dabei seitlich ausgesendete Fluoreszenzstrahlung ist charakteristisch für die einzelnen Elemente und dient auch zur Bestimmung der Anteile der vorhandenen Elemente. Mit der Röntgenstrukturanalyse kann man die Gitterstruktur bzw. die Gitterabstände in Kristallen und die Kristallstruktur ermitteln. Da die Wellenlänge der Röntgenstrahlen in der Größenordnung der Atomabstände im Gitter liegt, treten hierbei charakteristische Beugungsmuster auf, aus denen sich die Gitterstruktur und Gitterabstände berechnen lassen.

Lösung 11.8 Durch starke UV-Strahlung können die kovalenten Bindungen (σ- und π-Bindungen) gelöst werden. Die Bindungsenergie einer σ-Bindung entspricht einer Wellenlänge von etwa 120 nm, die einer π-Bindung etwa 180 nm.

Lösung 11.9 Für analytische Messungen werden Emissions- und Absorptionsspektren verwendet. Als *Emissionsspektren* werden Flammenspektren und Funkenspektren eingesetzt. Als *Absorptionsspektren* werden Atomabsorptionsspektren und die Fotometrie bzw. Kolorimetrie (Farbmessung) verwendet.

Lösung 11.10 Bei der ICP-Methode wird durch Hochfrequenzfelder aus einem leicht ionisierbaren Gas (wie z. B. Argon) ein Plasma mit sehr hoher Temperatur (etwa 10 000 K) erzeugt, welches zur Atomisierung und Anregung der zu untersuchenden Probe dient.

Lösung 11.11 Bei der Atomabsorptionsspektroskopie (AAS) wird die Probe mit den zu bestimmenden chemischen Elementen in den Strahlengang einer Lichtquelle (typischerweise eine Hohlkathodenlampe) eingebracht. Die Lichtquelle sendet ein charakteristisches Linienspektrum des Elements aus, das bestimmt werden soll. Die durch Absorption verminderte Lichtintensität bei der charakteristischen Wellenlänge ermöglicht die Messung der Konzentration bestimmter Stoffe. Die AAS-Methode ist ein Standardverfahren in der chemischen Analytik, vor allem zur quantitativen Analyse von Metallen und Halbmetallen in wässriger Lösung. Nachteilig ist jedoch, dass die Bestimmung auf einzelne Elemente beschränkt bleibt, da prinzipiell für jedes Element eine andere Strahlungsquelle (Hohlkathodenlampe) verwendet werden muss. Wenn viele Elemente in einer Probe gleichzeitig bestimmt werden müssen greift man meist auf die ICP-Spektroskopie zurück (siehe Frage 11.10).

Lösung 11.12 Durch Infrarot (IR)-Strahlung werden innermolekulare Schwingungen angeregt. Hierbei treten symmetrische und asymmetrische Streck- bzw. Knickschwingungen auf.

Lösung 11.13 Bei der Raman-Spektroskopie werden – im Gegensatz zur IR-Spektroskopie – keine Absorptions-, sondern Emissionsspektren im IR-Bereich aufgenommen. Hierbei wird die Probe mit monochromatischer IR-Strahlung beaufschlagt und die seitliche Streustrahlung gemessen. Im Gegensatz zur IR-Spektroskopie ist bei der Raman-Spektroskopie nicht die Änderung des Dipolmoments maßgeblich, sondern die Änderung der Polarisierbarkeit des Moleküls. Aus diesem Grund ist die Raman-Spektroskopie eine wertvolle Ergänzung zur IR-Spektroskopie, da damit Schwingungsarten zu erkennen sind, die mit der IR-Spektroskopie nicht erfasst werden können.

Lösung 11.14 Prinzipiell können mit der IR-Spektroskopie nur solche Moleküle erfasst werden, bei denen sich durch eine Schwingungsanregung das Dipolmoment ändert. Deshalb können symmetrische zweiatomige Moleküle durch IR-Spektrometer nicht erfasst werden. In diesem Beispiel sind es die Moleküle H_2 und N_2, bei denen keine Änderung des Dipolmoments bei der Schwingung auftritt. Alle anderen Moleküle zeigen zumindest eine Schwingung, bei der sich das Dipolmoment ändert. Dies sind typischerweise asymmetrische Schwingungen.

Lösung 11.15 Der sogenannte Treibhauseffekt der Erdatmosphäre beruht darauf, dass die Strahlung der Sonne zunächst ungehindert (wie in einem gläsernen Treibhaus) auf die Erde treffen kann und diese erwärmt. Die erwärmte Erdoberfläche strahlt dann im langwelligen Bereich (Infrarotstrahlung) wieder zurück. Verschiedene Gase in der Atmosphäre absorbieren aber diese langwellige Rückstrahlung und „speichern" sie. Dies sind solche Gase, bei welchen durch IR-Strahlung Schwingungen angeregt werden können („IR-aktiv"). Sowohl das CO_2- als auch das H_2O-Molekül sind IR-aktiv (siehe Frage 11.14). Die Erdatmosphäre kann nur eine bestimmte Wasserdampfmenge aufnehmen (bis zur Wasserdampfsättigung) und somit hat sich in der Atmosphäre eine bestimmte relativ konstante durchschnittliche Wasserdampfkonzentration eingestellt. Aufgrund des größeren Gehaltes an Wasserdampf gegenüber der CO_2-Konzentration trägt Wasser mehr zum Treibhauseffekt bei (ohne Wasserdampf wäre die Durchschnittstemperatur auf der Erde ungefähr −19 °C). Allerdings ist der CO_2-Anteil in der Atmosphäre bedingt durch die Industrialisierung in den letzten Jahrzehnten deutlich angestiegen und trägt dadurch zu einer Erhöhung der Durchschnittstemperatur auf der Erde bei. Es ist jedoch zu Berücksichtigen, dass durch die Erhöhung der Durchschnittstemperatur die Atmosphäre auch wieder mehr Wasserdampf aufnehmen kann und somit die Temperatur weiter ansteigt („positive Rückkopplung").

Lösung 11.16 Es sind solche Resonanzschwingungen IR-aktiv, bei denen sich das Dipolmoment ändert. Das N_2O und OCS sind wie CO_2 lineare Moleküle, allerdings sind sie asymmetrisch und besitzen ein Dipolmoment. Deshalb sind alle Schwingungen IR-aktiv. H_2S und SO_2 sind wie H_2O gewinkelte Moleküle mit polaren Bindungen und haben deshalb auch ein Dipolmoment. Auch bei diesen Molekülen sind alle Schwingungen IR-aktiv.

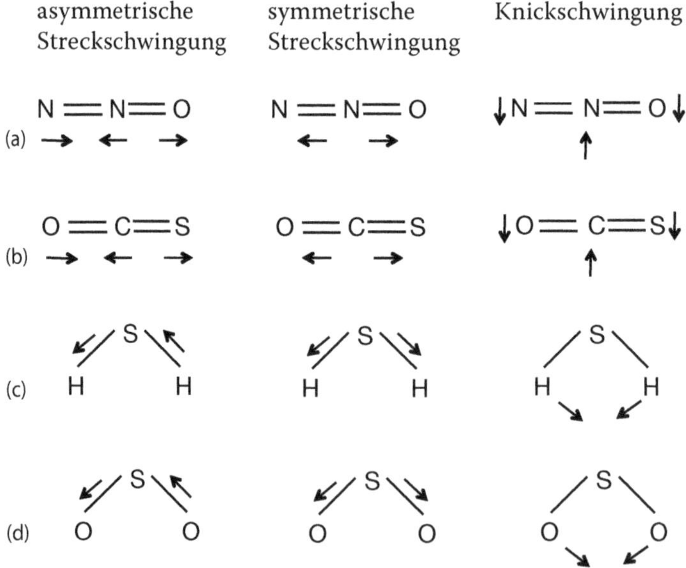

Lösung 11.17 In Fotometern kann man die Färbung und die Farbintensität von Lösungen zur quantitativen Erfassung von verschiedenen Stoffen heranziehen. Die zu bestimmenden Stoffe werden entweder selbst in wässriger Lösung gemessen oder mithilfe von Reagenzien in farbige Verbindungen überführt. Die Farbintensität ist dann ein Maß für die Konzentration. Neben dem Bereich des sichtbaren Lichtes wird mit Fotometern auch im Bereich des ultravioletten Lichtes gemessen. Ein Fotometer besteht prinzipiell aus einer Strahlungsquelle, Filter oder Monochromator, einer Messküvette und einem Strahlungsdetektor.

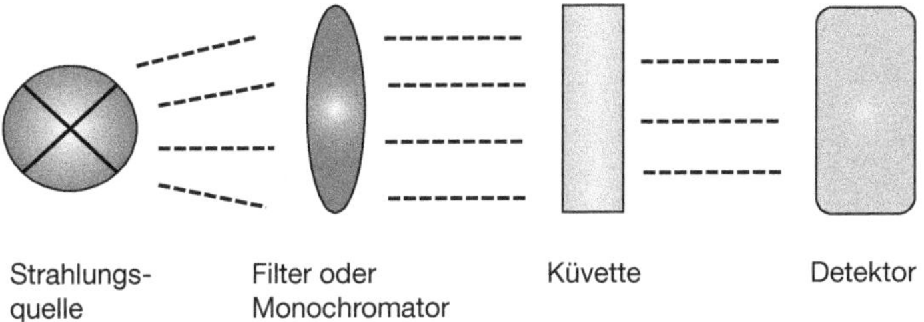

Lösung 11.18 Das Lambert-Beer'sche Gesetz gibt den Zusammenhang zwischen der Extinktion E (natürlicher Logarithmus vom Kehrwert der Lichtdurchlässigkeit) und der Konzentration c in verdünnten Lösungen wieder:

$$E = \varepsilon \cdot c \cdot d \quad (d = \text{Schichtdicke}, \varepsilon = \text{Extinktionskoeffizient})$$

Es wird in Fotometern zur Konzentrationsbestimmung ausgenutzt (siehe Abschn. 11.5.1 im Lehrbuch).

Lösung 11.19 Die Berechnung erfolgt mit dem Lambert-Beer'schen Gesetz (siehe Aufgabe 11.18).

a) Zunächst muss die molare Konzentration berechnet werden:

$$c = \frac{n}{V} = \frac{m}{M \cdot V} = \frac{0{,}3\,\text{g}}{168\,\frac{\text{g}}{\text{mol}} \cdot 1\,\text{l}} = 1{,}79 \cdot 10^{-3}\,\frac{\text{mol}}{\text{l}}$$

Berechnung der Extinktion ε:

$$\varepsilon = \frac{E}{c \cdot d} = \frac{0{,}6}{1{,}79 \cdot 10^{-3}\,\frac{\text{mol}}{\text{l}} \cdot 1\,\text{cm}} = 335{,}2\,\frac{\text{l}}{\text{mol cm}}$$

b) Berechnung der Konzentration mithilfe des in a) ermittelten Extinktionskoeffizienten ε:

$$c = \frac{E}{\varepsilon \cdot d} = \frac{0{,}25}{335{,}2\,\frac{\text{l}}{\text{mol cm}} \cdot 1\,\text{cm}} = 7{,}46 \cdot 10^{-4}\,\frac{\text{mol}}{\text{l}}$$

Unter Berücksichtigung der Molmasse von Vanillinsäure ($M = 168$ g/mol) ergibt sich eine Konzentration von $c = 7{,}46 \cdot 10^{-4}$ mol/l $\cdot$ 168 g/mol = 0,125 g/l.

Lösung 11.20 Die Extinktion lässt sich mit dem Lambert-Beer'schen Gesetz berechnen:

$$E = \varepsilon \cdot c \cdot d = 10\,000\,\text{cm}^3/\text{mol} \cdot 0{,}05 \cdot 10^{-3}\text{mol}/\text{cm}^3 \cdot 2\,\text{cm} = 1$$

Lösung 11.21 Die Auftragung lässt sich am einfachsten mittels „Excel" durchführen:

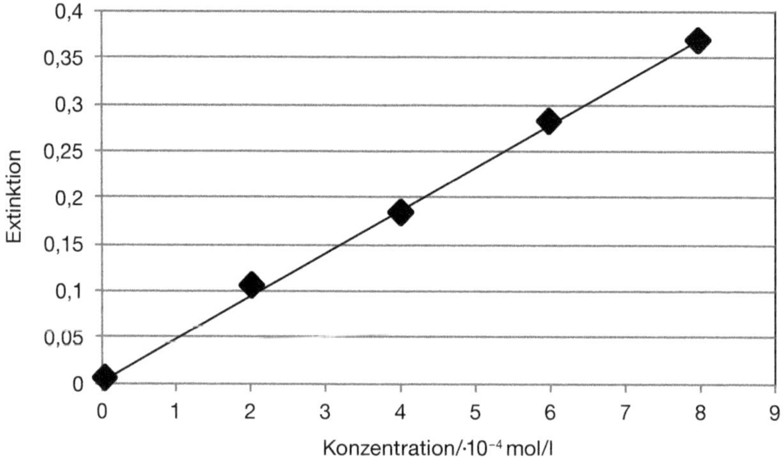

Bei einer Extinktion von 0,15 lässt sich eine Konzentration von $3{,}3 \cdot 10^{-4}$ mol/l ablesen.

Lösung 11.22 Da die meisten gasförmigen Komponenten IR-aktiv (Ausnahme: zweiatomige symmetrische Moleküle, siehe Aufgabe 11.14) sind, lassen sie sich durch IR-Absorptionsmessgeräte bestimmen (z. B. Uras-Geräte).

Lösung 11.23 Die magnetische Kernresonanzspektroskopie nutzt den Energieunterschied zwischen den unterschiedlichen Spineinstellungen von Protonen im Magnetfeld aus (parallel, antiparallel, siehe Abschn. 11.4.6 im Lehrbuch). Die NMR-Analyse wird in großem Umfang zur Strukturaufklärung in der organischen Chemie verwendet. Außerdem dient sie zur Untersuchung von Diffusionsvorgängen in ganz oder teilweise kristallinen Festkörpern, z. B. in Kunststoffen. Auch kann man mit ihr geringste Spuren von organischen Stoffen identifizieren.

Lösung 11.24 Man kann verschiedene Stoffe durch Chemolumineszenzanalyse deswegen mengenmäßig erfassen, weil sie bei einer chemischen Reaktion Licht bestimmter Wellenlänge aussenden. Die am häufigsten gebrauchten Messgeräte dieser Art dienen zur Bestimmung von Stickstoffoxiden und Ozon.
So entsteht beispielsweise durch Reaktion von Stickstoffmonoxid mit Ozon (dieses muss zur Messung zugeführt werden) ein angeregter Zustand des Stickstoffdioxids (gekennzeichnet mit *), der unter Aussendung von Licht in den Grundzu-

stand übergeht:

$$NO + O_3 \rightarrow NO_2^* + O_2 \quad NO_2^* \rightarrow NO_2 + h \cdot \nu$$

Lösung 11.25 Massenspektrometer werden verwendet:

a) zur Bestimmung der Isotopenanteile in chemischen Elementen,
b) zur Identifizierung und mengenmäßigen Erfassung von organischen Verbindungen.

Lösung 11.26 Dies ist ein Messgerät zur summarischen Konzentrationsbestimmung von organischen Stoffen. Hierbei wird ein Teil der organischen Stoffe mittels einer Wasserstoffflamme in positive Ionen überführt und der Ionenstrom gemessen. Er wird häufig als Detektor bei Gaschromatografen eingesetzt.

Lösung 11.27 Massenspektrometer (MS) werden häufig mit Gaschromatografen (GC) kombiniert. Hier werden die hinter dem Gaschromatografen erhaltenen, getrennten chemischen Substanzen im Massenspektrometer analysiert (GC-MS). Mittels GC-MS Technik können Spurenuntersuchungen in der Umweltanalytik oder Medizin durchgeführt werden (z. B. Dopingkontrollen in Blut und Harn). Da mittels GC nur verdampfbare Substanzen getrennt werden können, kann für die Analyse von schwer flüchtigen Substanzen das Massenspektrometer auch mit einem Flüssigkeitschromatografen (HPLC, siehe Abschn. 5.6.2.1 im Lehrbuch) kombiniert werden.

Lösung 11.28 Farbmittel lassen sich einteilen in a) die unlöslichen Pigmente und b) die löslichen Farbstoffe.

Lösung 11.29 Bei organischen Farbstoffen kommt die Absorption der Energie dadurch zustande, dass ein Elektron aus dem höchsten, noch besetzten Molekülorbital (HOMO = highest occupied molecule orbital) in das tiefste, unbesetzte Molekülorbital (LUMO = lowest unoccupied MO) angehoben wird.

Lösung 11.30 Die entsprechende Wellenlänge der Strahlungsabsorption hängt von der Molekülgröße und der Zahl der konjugierten Doppelbindungen im Molekül ab. Je größer die Zahl der konjugierten Doppelbindungen, umso geringer wird der Abstand zwischen dem HOMO und dem LUMO (siehe Aufgabe 11.29) und umso mehr verlagert sich das Maximum der Strahlungsabsorption zu längeren Wellenlängen. Deshalb gilt folgende Zuordnung:
Ethen ($CH_2{=}CH_2$): 165 nm;
2-Buten ($CH_3{-}CH{=}CH{-}CH_3$): 180 nm;
1,3-Butadien ($CH_2{=}CH{-}CH{=}CH_2$): 217 nm;
1,3,5-Hexatrien ($CH_2{=}CH{-}CH{=}CH{-}CH{=}CH_2$): 260 nm.

Begründung: Ethen und 2-Buten haben jeweils eine Doppelbindung, 2-Buten ist aber ein größeres Molekül. 1,3-Butadien hat zwei, 1,3,5-Hexatrien besitzt drei konjugierte Doppelbindungen.

Lösung 11.31 Viele Verbindungen, die Ionen von Nebengruppenelementen enthalten, sind farbig, weil sie infolge von Elektronenübergängen Teilbereiche des sichtbaren Lichtes absorbieren.

Lösung 11.32 Farbige organische Verbindungen weisen viele konjugierte Doppelbindungen auf.

Lösung 11.33 Bei diesem Farbstoff wird der rote Anteil des Farbspektrums absorbiert. Der Farbstoff erscheint in der entsprechenden Komplementärfarbe:

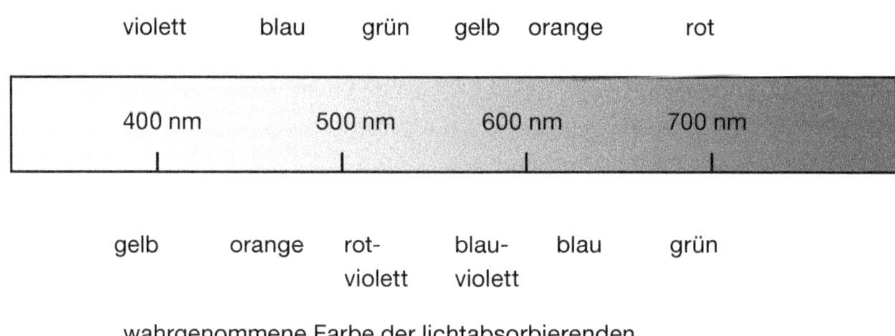

Lösung 11.34 Es sind bestimmte Atomgruppen in Farbstoffmolekülen, die die selektive Absorption beeinflussen. Ein Beispiel ist die Azogruppe –N=N–, welche beispielsweise im Bereich der Textilfarbstoffe eine wichtige Rolle spielt.

Lösung 11.35 Auxochrome Gruppen verschieben die Absorptionswellenlänge eines Farbstoffmoleküls. Sie können einen *bathochromen* Effekt hervorrufen, d. h., sie verschieben das Absorptionsmaximum zu größeren Wellenlängen. Andere auxochrome Gruppen können das Absorptionsmaximum auch zu kürzeren Wellenlängen verschieben. Dann spricht man von einem *hypsochromen* Effekt.

Lösung 11.36 Durch Änderung des pH-Werts werden die sauren oder basischen Gruppen der Farbindikatoren (= organische Verbindungen mit konjugierten Doppelbindungen) verändert, dadurch wird das Absorptionsmaximum der konjugierten Doppelbindungen beeinflusst und zu anderen Wellenlängen verschoben; die Farbe ändert sich.

Lösung 11.37 *Anorganische* Farbmittel:
Vorteile: gute Licht- und Wärmebeständigkeit. Nachteile: 1.) Die in ihnen enthaltenen, auf der Erde in begrenztem Maße vorkommenden metallischen Rohstoffe können in der Regel nicht mehr zurückgewonnen werden; 2.) Schwermetallverbindungen sind häufig toxisch und umweltschädigend.
Organische Farbmittel:
Vorteile: Organische Farbmittel (soweit sie keine nichtregenerierbaren Rohstoffe, wie z. B. Kupferphthalocyanine enthalten) bringen keinen Verbrauch wertvoller Rohstoffe und tragen in der Regel nicht zu einer bleibenden Umweltverschmutzung bei; Nachteil: Ihre Beständigkeit (z. B. die sogenannte Lichtechtheit) ist meistens geringer als die der anorganischen Farbmittel.

A.12
Antworten zu *Biochemie und Biotechnologie*

Lösung 12.1

Lebende Organismen	*Tote Materie*
a) hoher, komplizierter Organisationsgrad	a) Zufallsmischungen
b) Bestandteile haben einen bestimmten Zweck in Hinblick auf den Gesamtorganismus	b) Frage nach Zweckbestimmung sinnlos
c) Stoffwechsel für zweckgerichtete Arbeit und zur Aufrechterhaltung („Fließgleichgewicht") von hochdifferenzierten Strukturen	c) allgemeine Entropiezunahme bei chemischen Reaktionen
d) Reduplikation (Selbstnachbildung)	d) –

Lösung 12.2 Einteilungsschema der Lebewesen:

a) Prokaryonten = zellkernlose, einzellige Lebewesen (Bakterien und Blaualgen),
b) Eukaryonten = ein- und vielzellige Lebewesen, die Zellkerne haben (Algen, Pilze, Pflanzen, Tiere, der Mensch).

Lösung 12.3 Drei wichtige Organellenarten eukaryontischer Zellen sind:

a) Zellkern (enthält die Erbinformationen),
b) Ribosomen (Produktionsstätten der Proteinsynthese),
c) Mitochondrien („Kraftwerke" der Zelle) bzw. Chloroplasten (Ort der „Fotosynthese").

Lösung 12.4 Die lebende Zelle enthält:

a) Mikromoleküle (für alle Lebewesen gleich),
b) Makromoleküle (von Art zu Art verschieden).

Lösung 12.5 Das ATP (Adenosintriphosphat) dient als Molekül zur Energiespeicherung, welches durch Abspaltung meist einer Phosphatgruppe in ADP zerfällt und die frei werdende Energie für Lebensvorgänge zur Verfügung stellt. Durch Energiezufuhr wird das ATP aus ADP und der Phosphatgruppe regeneriert.

Lösung 12.6 Durch das Chlorophyll wird mithilfe des Sonnenlichtes aus dem Wasser Sauerstoff abgespalten. Durch die dabei ebenfalls entstehenden Wasserstoffionen und Elektronen wird das Kohlendioxid gebunden und (in mehreren Stufen) in organische Verbindungen (z. B. Traubenzucker) umgewandelt.

Lösung 12.7

a) Man nennt sie Enzyme (weniger häufig: Fermente).
b) Sie bestehen aus Eiweiß (Apoenzym) und einem Coenzym (häufig ein Vitamin des B-Komplexes enthaltend). Die Kennzeichnung erfolgt nach Substrat, Reaktionsart und der Endsilbe -ase. Die Wirksamkeit kann beeinträchtigt werden durch Umgebungsbedingungen, die außerhalb des Temperatur- und pH-Optimums liegen, außerdem durch Giftstoffe (z. B. Schwermetallsalze).

Lösung 12.8 Die drei Grundnährstoffe sind: Proteine (Eiweiße), Kohlenhydrate und Fette.

Lösung 12.9 Essenzielle Nahrungsmittel sind lebensnotwendig und durch andere Nahrungsmittel nicht ersetzbar.

Lösung 12.10 DNA ist die Abkürzung für Desoxyribonukleinsäure (engl. Desoxyribonucleic acid). Sie enthält die Erbinformationen in der Basensequenz gespeichert.

Lösung 12.11 Ein Enzym trennt den Doppelstrang der DNA in zwei Einzelstränge und lagert gleichzeitig an diese die komplementären Basen an. Wegen der spezifischen Basenpaarung entstehen zwei identisch neue DNA-Stränge.

Lösung 12.12 Notwendige Nukleinsäuren zur Proteinsynthese und deren Funktion:

a) DNA: Erbinformationsträger,
b) m-RNA = Boten-RNA: Kopie eines DNA-Stranges, überbringt den Code zu den Ribosomen,
c) r-RNA: wichtiger Bestandteil der Ribosomen (Produktionsstätten der Proteinsynthese),
d) t-RNA: fügt spezifische Aminosäuren gemäß dem Code der m-RNA zu Proteinketten zusammen.

Lösung 12.13 Mutationen sind Veränderungen der Erbinformationen, d. h. in der Basenreihenfolge der DNA. Man unterscheidet zwischen *Chromosomenmutationen* (Veränderung der Chromosomenstruktur), welche z. B. durch energiereiche Strahlen ausgelöst werden können, *Punktmutationen* (Veränderungen von einzelnen Basen in der DNA), welche insbesondere durch chemische Stoffe, teilweise auch durch energiereiche Strahlen entstehen können, und *Genommutationen* (Änderung der Chromosomenzahl), wahrscheinlich durch chemische Stoffe induziert werden.

Lösung 12.14 Somatische Mutationen sind Mutationen von Körperzellen. Sie werden nicht vererbt, da die Keimzellen nicht mutiert sind.

Lösung 12.15 Bei der Mutagenese beschleunigt man die Mutationsrate, um schneller bestimmte Eigenschaften bei der Züchtung (z. B. von Hochleistungsbakterienstämmen) zu erzeugen. Hierzu kann man die unter Abschn. 12.2.3.1 im Lehrbuch erwähnten Einflüsse, welche zu Mutationen führen, gezielt nutzen: a) Chromosomenmutationen, b) Punktmutationen, c) Genommutationen.

Lösung 12.16 Die Übertragung genetischer Information besteht aus folgenden Schritten:

- Isolation der DNA aus einem Spenderorganismus und enzymatische Spaltung in Fragmente verschiedener Größe,
- Isolation der Plasmidmoleküle und enzymatische Ringöffnung,
- Kombination der DNA-Fragmente mit den geöffneten Plasmidmolekülen,
- Einschleusung der neugebildeten DNA in eine Wirtszelle (Mikroorganismus); dieser Schritt wird auch als Transformation bezeichnet,
- Identifizierung und Selektion des gesuchten Klons (d. h. die Wirtszellen mit dem gewünschten DNA-Fragment),
- Herstellung des gewünschten Proteins durch die veränderten Mikroorganismen.

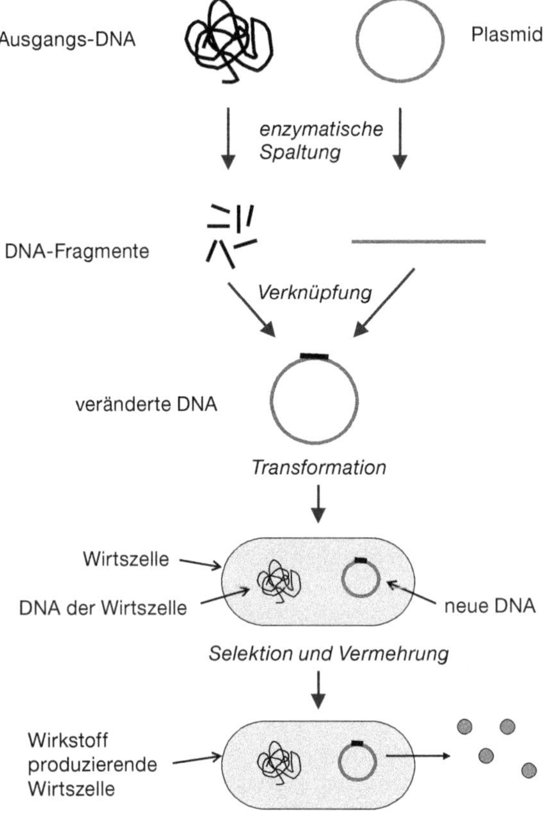

Beispiel: Herstellung von Humaninsulin.

Lösung 12.17

a) Bei den *Submersreaktoren* sind die Mikroorganismen in der Nährlösung suspendiert (Mehrzahl der heutigen Verfahren). Bei den *Festbettreaktoren* sind die Mikroorganismen auf einem Träger immobilisiert (d. h. fixiert).
b) Submersreaktoren haben den Vorteil von meist weniger Nebenproduktbildung, allerdings den Nachteil einer aufwändigen Produktaufarbeitung. Die Vorteile des Festbettreaktors sind vor allem eine einfachere Produktaufarbeitung und relativ geringe Kosten.

Lösung 12.18 Häufig eingesetzte Submers-Bioreaktoren sind Rührkesselreaktoren und Blasensäulenreaktoren.

Lösung 12.19 In der Bioverfahrenstechnik werden zur Abtrennung der Organismenzellen meist Zentrifugieren sowie Filtrationsverfahren (häufig: Membranfiltration) eingesetzt. Zur Reinigung werden häufig die Verfahren der Extraktion und Säulenchromatografie verwendet.

Lösung 12.20 Schematischer Ablauf der Bioethanolherstellung aus Stärke und Zucker:

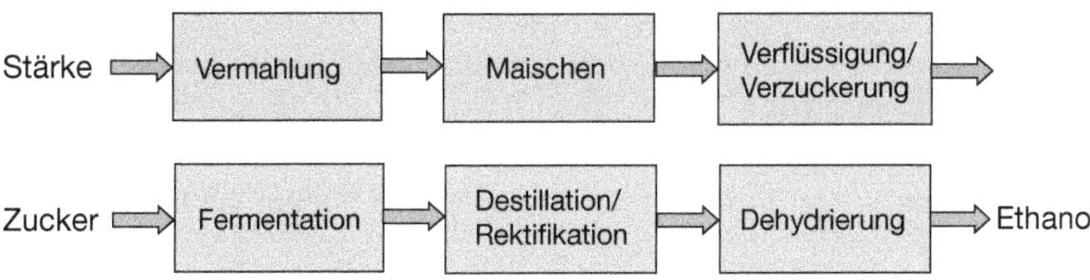

Lösung 12.21 Biosensoren bestehen prinzipiell aus:

- Biomolekülen als sogenannte Selektoren oder Rezeptoren, die bestimmte Stoffe mit großer Genauigkeit erkennen und einen bestimmten Effekt bewirken,
- Transduktoren, welche das biologisch erzeugte Signal in ein elektrisches Signal umwandeln, das elektronisch weiterverarbeitet werden kann.

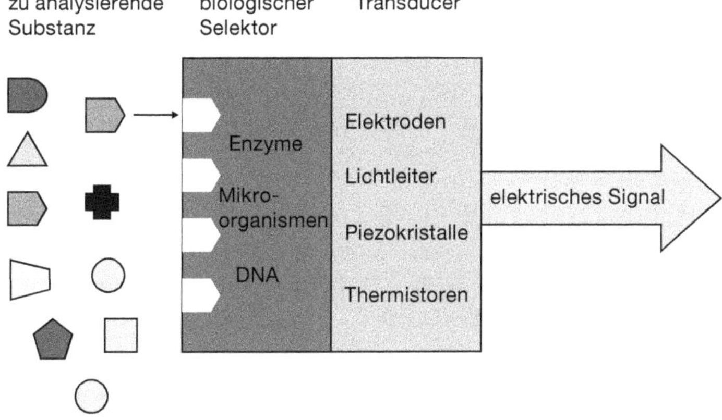

Lösung 12.22 Bei Biosensoren zur Glucosebestimmung wird als Selektor das Enzym Glucose-Oxidase verwendet. Als Transduktor wird ein amperometrisches Messprinzip eingesetzt, welches entweder den in Abhängigkeit von der Glucosekonzentration verbrauchten Sauerstoff oder das gebildete Wasserstoffperoxid in ein elektrisches Signal umwandelt.

Lösung 12.23 TRK bedeutet „Technische Richtkonzentrationen", die bei krebserregenden Stoffen am Arbeitsplatz nicht überschritten werden dürfen. Die Höhe der TRK-Werte wird festgelegt nach der technischen Realisierbarkeit und der analytischen Nachweismöglichkeit.

Lösung 12.24 MAK bedeutet „Maximale Arbeitsplatzkonzentration". Dies ist die höchstzulässige Schadstoffkonzentration in der Luft, der ein gesunder Erwachsener bei Berücksichtigung von Acht-Stunden-Arbeitstagen maximal ausgesetzt sein darf.

BAT bedeutet „Biologischer Arbeitsstoff-Toleranz-Wert" und ist die beim Menschen höchstzulässige Menge eines Arbeitsstoffs oder seines Umwandlungsproduktes im Körper oder die dadurch ausgelöste Abweichung eines biologischen Indikators (wie z. B. der Blutdruck) von der Norm, bei der keine Beeinträchtigung der Gesundheit eintritt.

Lösung 12.25 Mit spezifischen Prüfröhrchen, durch die bestimmte Mengen Luft gesaugt werden. Die Giftstoffkonzentration wird durch Verfärbung angezeigt.

Lösung 12.26

a) Unter akut toxischer Wirkung versteht man die Schadwirkung einer Substanz nach einmaliger Gabe und kurzer Einwirkdauer (Stunden oder Tage).
b) Zur Angabe der akuten Toxizität dient die Letale Dosis 50 % (LD_{50}-Wert). Diese wird durch Tierversuche ermittelt und ist diejenige Menge eines Stoffes, bei der nach Verabreichung 50 % einer bestimmten Anzahl von Versuchstieren sterben (häufig Ratten).

Lösung 12.27 Beim sogenannten Ames-Test wird mittels einer Bakterienkultur auf Mutagenität geprüft. Da mutagene Stoffe häufig Krebserkrankungen auslösen, können damit potenziell kanzerogene Substanzen identifiziert werden.

Lösung 12.28 Endokrin aktive Substanzen greifen störend in das Hormonsystem des Menschen und anderer Lebewesen ein indem sie dadurch, dass sie die natürlichen Hormone (Östrogen oder Testosteron) „imitieren", Hormonrezeptoren in den Zellen blockieren und damit deren Wirkung verhindern. Dies kann langfristig zu Unfruchtbarkeit oder Krebserkrankungen führen; Beispiel für eine Stoffklasse: polychlorierte Biphenyle.

Lösung 12.29 Gifte können prinzipiell folgende Wirkungen haben: a) Verätzungen, b) Stoffwechselstörungen, c) Entstehung von Krebs oder Mutationen, d) Allergien.

Lösung 12.30 Kohlenmonoxid wird 200–300-mal stärker an den roten Blutfarbstoff Hämoglobin gebunden als Sauerstoff und verdrängt diesen. Dadurch wird die Aufnahme von Sauerstoff in den Körper unterbunden (Anoxie).

Lösung 12.31 Toxische Schwermetalle stören den Stoffwechsel, indem sie Enzyme blockieren.

Lösung 12.32 Bei Hautkontakt mit Säuren oder Basen diese sofort mit Wasser abwaschen. Bei Verschlucken viel Wasser nachtrinken.

Lösung 12.33 Ein Lungenödem ist eine Überschwemmung der Lunge mit Flüssigkeit, hervorgerufen durch Verätzungen, z. B. mit sauren oder basischen Dämpfen. Sofortmaßnahmen: sofortige Einlieferung in stationäre Behandlung (Krankenhaus), um für eine eventuelle Sauerstoffbeatmung in den kritischen Situationen zu sorgen.

Lösung 12.34 Bei Verschlucken von giftigen organischen Stoffen:

a) Gift durch Erbrechen sofort aus dem Körper entfernen,
b) ärztliche Hilfe anfordern,
c) keine Milch oder Alkohol zu trinken geben.

Lösung 12.35

a) Unter Ökotoxikologie versteht man die Auswirkungen von Stoffen auf das gesamte Ökosystem.
b) Die drei wichtigen Eigenschaften von Chemikalien in der Ökotoxikologie sind: Toxizität für Lebewesen, biologische Abbaubarkeit, Bioakkumulationsvermögen.

Lösung 12.36 DDT (p, p'-Dichlordiphenyltrichlorethan) ist ein Schädlingsbekämpfungsmittel und ist insbesondere wirksam gegen den Überträger der Malaria (Anophelesmücke). Der Einsatz von DDT in Europa ist verboten, da es biologisch schlecht abbaubar ist und sich im Fettgewebe stark anreichert (großer P_{OW}-Wert).

Lösung 12.37 Der Leuchtbakterientest ist ein Summenparameter zur Bestimmung der Toxizität von Wasserproben. Bei diesem werden bestimmte Meeresbakterien eingesetzt, welche die Eigenschaft der Biolumineszenz (zu Lumineszenz siehe Abschn. 11.2.2 im Lehrbuch) besitzen, d. h., sie senden aufgrund spezieller Stoffwechselvorgänge Licht aus (ähnlich wie Glühwürmchen). Wird der Stoffwechsel durch die Anwesenheit toxischer Stoffe (z. B. Schwermetalle, toxische organische Stoff) gestört, so verringert sich die Leuchtintensität.

Lösung 12.38 Der BCF-Wert gibt das Bioakkumulationsvermögen (bioconcentration factor) an und ist definiert als das Verhältnis der Konzentration von Umweltchemikalien im Organismus bestimmter Wasserorganismen zur Konzentration in der wässrigen Umgebung. Er wird durch Tierversuche ermittelt. Da Tierversuche sehr aufwändig sind, wird der BCF-Wert häufig durch den P_{OW}-Wert abgeschätzt.

Lösung 12.39 Der P_{OW}-Wert ist der sogenannte Verteilungskoeffizient 1-Octanol/Wasser. Mit diesem Verteilungskoeffizienten wird die Anreicherung von hydrophoben Schadstoffen im Fettgewebe „nachgeahmt“ und er ist somit ein Test auf das Bioakkumulationsvermögen eines Stoffes.

Lösung 12.40 Je stärker hydrophob (lipophil) ein Stoff ist, umso größer ist sein P_{OW}-Wert, deshalb Anordnung nach steigender Hydrophobie:
Ethylenglykol (zwei stark polare OH-Gruppen) → Ethanol (eine stark polare OH-Gruppe) → Anilin (polare NH_2-Gruppe) → Toluol (unpolarer Kohlenwasserstoff).

A.13 Antworten zu *Umwelttechnik*

Lösung 13.1 Die funktionelle Einheit von Lebewesen und ihrer Umwelt nennt man Ökosystem. Es besteht aus einem örtlichen Lebensraum, auch Biotop genannt, und der darauf heimischen örtlichen Lebensgemeinschaft der Lebewesen, die als Biozönose bezeichnet wird.

Lösung 13.2 *Aerober* Abbau findet unter Sauerstoffzehrung statt. Die Hauptabbauprodukte sind: CO_2 und H_2O. *Anaerober* Abbau findet unter Sauerstoffabschluss statt. Als Hauptabbauprodukte entstehen: CH_4 und CO_2.

Lösung 13.3 Stickstoff durchläuft im globalen Stickstoffkreislauf folgende Oxidationsstufen: NH_4^+ (Stufe: −3), NO_2^- (Stufe: +3), NO_3^- (Stufe: +5), N_2 (Stufe: 0).

Lösung 13.4

a) Unter Eutrophierung versteht man die Überdüngung der Gewässer durch Anreicherung von Nährstoffen. Die Auswirkungen auf die Gewässer sind: zu viele Nährstoffe → viel Algenwachstum → hoher organischer Anteil → Sauerstoffzehrung zum Abbau → im schlimmsten Fall „Umkippen“ des Gewässers (kein gelöster Sauerstoff im Gewässer).
b) Zur Eutrophierung tragen Phosphor- und Stickstoffverbindungen bei.

Lösung 13.5 Beides sind Summenparameter zur Charakterisierung von Abwasser, *CSB*: Chemischer Sauerstoffbedarf = Maß für alle chemisch oxidierbaren Stoffe, *TOC*: Total Organic Carbon = Maß für den gesamten organischen Kohlenstoffgehalt. Vor- und Nachteile:

Verfahren	Vorteile	Nachteile
CSB-Bestimmung	• Bemessungsparameter nach dem Abwasserabgabengesetz	• *alle* oxidierbaren Inhaltsstoffe werden oxidiert, auch anorganische Stoffe wie z. B. Fe^{2+} zu Fe^{3+} • Chromionen sind giftige Schwermetalle und müssen entsprechend entsorgt werden • dauert relativ lange (2 h)
TOC-Bestimmung	• automatisierbar und schnell (dauert Minuten) • keine Störung durch anorganische Inhaltsstoffe, da direkt der C-Gehalt gemessen wird • es fallen keine giftigen Stoffe zur Entsorgung an	• relativ teure Messapparatur

Lösung 13.6

a) Aus der Reaktionsgleichung (siehe auch Übungsbeispiel 13.2 im Lehrbuch)

$$2C_3H_7OH + 9O_2 \rightarrow 6CO_2 + 8H_2O$$

folgt unter stöchiometrischer Berechnung der molaren Massen:
$2 \cdot 60\,g = 120\,g$ Propanol benötigen $9 \cdot 32\,g = 288\ O_2$, 1,5 g Propanol benötigen somit

$$(1{,}5\,g/120\,g) \cdot 288\,g = 3{,}6\,g\ O_2 \quad \rightarrow CSB = 3600\,mg/l$$

b) Der Kohlenstoffanteil im Propanolmolekül beträgt:

$$\frac{(3 \cdot 12)\,g}{60\,g} = \frac{36\,g}{60\,g} = 0{,}6$$

Der *TOC* ergibt sich damit zu $0{,}6 \cdot 1500\,mg/l = 900\,mg/l$.

c) Der BSB_5-Wert ist ein biologischer Parameter und kann nur experimentell bestimmt werden.

Lösung 13.7

a) Zunächst muss die Reaktionsgleichung für die Oxidation von Ethanol mit Sauerstoff aufgestellt werden:

$$C_2H_5OH + 3O_2 \rightarrow 2CO_2 + 3H_2O$$

Dann folgt unter stöchiometrischer Berechnung der molaren Massen:

46 g Ethanol benötigen $3 \cdot 32\,\text{g} = 96\ O_2$.
Bei einem Gehalt von 5 Vol% enthält ein Liter Bier 50 ml Ethanol. Somit enthält 1 l Bier $m = \rho \cdot V = 0{,}79\,\text{g/ml} \cdot 50\,\text{ml} = 39{,}5\,\text{g}$ Ethanol.
39,5 g Ethanol benötigen somit

$$(39{,}5\,\text{g}/46\,\text{g}) \cdot 96\,\text{g} = 82{,}4\,\text{g}\ O_2 \quad \rightarrow CSB = 82\,400\,\text{mg/l}$$

Der Kohlenstoffanteil im Ethanolmolekül beträgt:

$$\frac{(2 \cdot 12)\,\text{g}}{46\,\text{g}} = \frac{24\,\text{g}}{46\,\text{g}} = 0{,}52$$

Der *TOC* ergibt sich damit zu $0{,}52 \cdot 39\,500\,\text{mg/l} = 20\,540\,\text{mg/l}$.

b) Aus der Reaktionsgleichung in a) ergibt sich:
46 g Ethanol benötigen $3 \cdot 22{,}4\,\text{l} = 67{,}2\,\text{l}\ O_2$ (unter Normbedingungen),
5 Vol% Ethanol entsprechen 19,75 g Ethanol für 0,5 l Bier.
19,75 g Ethanol benötigen somit
$(19{,}75\,\text{g}/46\,\text{g}) \cdot 67{,}2\,\text{l} = 28{,}9\,\text{l}\ O_2$ (unter Normbedingungen).
Da pro Liter Luft 5 Vol% Sauerstoff veratmet werden, sind somit $(1/0{,}05) \cdot 28{,}9\,\text{l} = 578\,\text{l}$ Luft nötig.
Bei einem Atemvolumen von 8 l/min werden somit $t = 578\,\text{l}/(8\,\text{l/min}) = 72{,}3\,\text{min}$ zum vollständigen Abbau von 0,5 l Bier benötigt.

Lösung 13.8

a) Das Verhältnis BSB_5/CSB, welches auch als biologische oder biochemische Abbaubarkeit α bezeichnet wird, ist ein Maß dafür, wie gut die organischen Inhaltsstoffe biologisch abbaubar sind. Eine Substanz ist biologisch leicht abbaubar, wenn das Verhältnis BSB_5/CSB größer oder gleich 0,5 ist.
b) α ist im Zulauf höher als im Ablauf der Kläranlage, da im Zulauf der Anteil gut abbaubarer organischer Stoffe größer ist als im Ablauf (nach Durchlaufen der biologischen Reinigung).

Lösung 13.9 Die wichtigsten Verfahrensschritte in einem kommunalen Klärwerk sind:

1. Rechen zur Abtrennung von groben Stoffen,
2. Sandfang zur Entfernung von körnigen Stoffen ($\varnothing > 0{,}2\,\text{mm}$),
3. Schwimmstoffabscheider (Öl-Fettfang) zur Abtrennung von aufschwimmenden Stoffen von der Wasseroberfläche,
4. Vorklärbecken zum Absetzen kleinerer suspendierter Stoffe ($\varnothing < 0{,}2\,\text{mm}$),
5. biologische Reinigung zur Entfernung von gelösten, organischen Stoffen mithilfe von Mikroorganismen. Dabei sind die beiden am meisten verwendeten Prozesse das Belebtschlammverfahren und das Tropfkörperverfahren.
6. Nachklärbecken zum Absetzen der Bakterienflocken. Beim Belebtschlammverfahren ist es ein integraler Bestandteil des Prozesses, da ein Teil der Bak-

terienmasse nach dem Absetzen wieder ins Belebungsbecken zurückgeführt werden muss (Rücklaufschlamm).

7. Abzug des Primär- und Sekundärschlamms (Überschussschlamm) aus dem Vorklär- und Nachklärbecken, der behandelt und entsorgt werden muss.

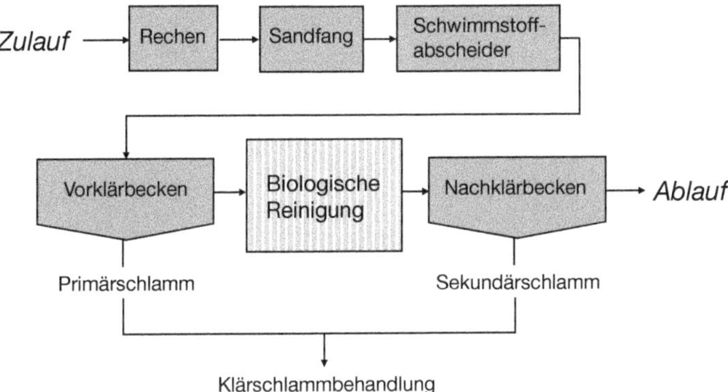

Lösung 13.10 Im Faulturm wird der Überschussschlamm vom Belebungsbecken einer anaeroben Gärung unterzogen. Hierbei entstehen durch Methanbakterien Zersetzungsgase (sogenanntes Biogas), welche aus etwa 70 % Methan und 30 % Kohlendioxid bestehen. Bei einer Temperatur von ca. 25–30 °C und einem Aufenthalt des Faulschlamms im Faulturm von etwa 10–15 Tagen kann sich die Schlammmasse durch die Methanbildung um die Hälfte reduzieren. Das Biogas wird typischerweise in einem Blockheizkraftwerk zur Erzeugung elektrischer Energie genutzt.

Lösung 13.11 Der notwendige Luftbedarf setzt sich zusammen aus dem Luftbedarf a) zur Oxidation der C-Verbindungen und b) zur Oxidation des Ammoniums.

a) Der benötigte Sauerstoff ergibt sich aus der Differenz der BSB_5-Werte im Zu- und Ablauf:

$$\mathrm{BSB}_{5,\mathrm{zu}} - \mathrm{BSB}_{5,\mathrm{ab}} = 200\,\mathrm{mg/l} - 3\,\mathrm{mg/l} = 197\,\mathrm{mg/l} = 197\,\mathrm{g/m^3}$$

Benötigter Sauerstoffmassenstrom pro h:

$$\dot{m} = 9000\,\frac{\mathrm{m^3}}{\mathrm{d}} \cdot \frac{1}{24}\,\frac{\mathrm{d}}{\mathrm{h}} \cdot 197\,\frac{\mathrm{g}}{\mathrm{m^3}} = 7{,}39 \cdot 10^4\,\frac{\mathrm{g}}{\mathrm{h}}$$

Umrechnung in Sauerstoff-Normvolumenstrom:

$$\dot{V} = 7{,}39 \cdot 10^4\,\frac{\mathrm{g}}{\mathrm{h}} \cdot \frac{22{,}4\,\frac{\mathrm{l}}{\mathrm{mol}}}{32\,\frac{\mathrm{g}}{\mathrm{mol}}} = 5{,}17 \cdot 10^4\,\frac{\mathrm{l}}{\mathrm{h}} = 51{,}7\,\frac{\mathrm{m^3}}{\mathrm{h}}$$

Luftbedarf pro h:

$$\dot{V} = \frac{100}{21} \cdot 51{,}7\,\frac{\mathrm{m^3}}{\mathrm{h}} = 246{,}2\,\frac{\mathrm{m^3}}{\mathrm{h}}$$

b) Der benötigte Luftbedarf ergibt sich aus der Differenz der NH_4^+-Werte im Zu- und Ablauf

$$c_{NH^{4+},ein} - c_{NH^{4+},aus} = 25\,mg/l - 1\,mg/l = 24\,mg/l = 24\,g/m^3$$

und aus der Stöchiometrie der chemischen Reaktion:
1 mol NH_4^+ benötigen 2 mol O_2, somit benötigen 18 g NH_4^+ 64 g O_2.
Benötigter Sauerstoffmassenstrom pro h:

$$\dot{m} = 9000\,\frac{m^3}{d} \cdot \frac{1}{24}\,\frac{d}{h} \cdot \frac{24}{18}\,\frac{g}{g \cdot m^3} \cdot 64\,g = 3{,}2 \cdot 10^4\,\frac{g}{h}$$

Umrechnung in Sauerstoff-Normvolumenstrom:

$$\dot{V} = 3{,}2 \cdot 10^4\,\frac{g}{h}\,\frac{22{,}4\,\frac{l}{mol}}{32\,\frac{g}{mol}} = 2{,}24 \cdot 10^4\,\frac{l}{h} = 22{,}4\,\frac{m^3}{h}$$

Luftbedarf pro h:

$$\dot{V} = \frac{100}{21} \cdot 22{,}4\,\frac{m^3}{h} = 106{,}7\,\frac{m^3}{h}$$

Gesamter Luftbedarf:

$$\dot{V}_{ges} = 246{,}2 + 106{,}7\,\frac{m^3}{h} = 352{,}9\,\frac{m^3}{h}$$

Lösung 13.12 Essigsäure ist ein biologisch gut abbaubarer Stoff. Deshalb ist das Verhältnis $BSB_5/CSB > 0{,}5$.
Zur Berechnung des CSB-Werts muss zunächst die Reaktionsgleichung der vollständigen Oxidation von Essigsäure aufgestellt werden:

$$CH_3COOH + 3O_2 \rightarrow 2CO_2 + 2H_2O$$

Hieraus ergibt sich, dass zur vollständigen Oxidation von 1 mol (= 60 g) Essigsäure 3 mol (= $3 \cdot 32$ g = 96 g) Sauerstoff benötigt werden.
Folglich braucht man pro Liter Abwasser zur Oxidation von 1,4 g Essigsäure (1,4 g/60 g) · 96 g = 2,24 g O_2, damit beträgt der CSB-Wert 2240 mg/l.
Der BSB_5-Wert ist dann > CSB · 0,5 = 2240 mg/l · 0,5 = 1120 mg/l.

Lösung 13.13 Aus der Reaktionsgleichung

$$10CH_3OH + 12NO_3^- \rightarrow 6N_2 + 12OH^- + 14H_2O + 10CO_2$$

folgt, dass zur Entfernung von 12 mol (= $12 \cdot 62$ g = 744 g) Nitrat 10 mol (= $10 \cdot 32$ g = 320 g) Methanol benötigt werden.
Somit sind pro m^3 zur Umsetzung von $0{,}17 \cdot 10^3$ g Nitrat (170 g/744 g) · 320 g = 73,1 g Methanol notwendig.

Lösung 13.14 Aus den Reaktionsgleichungen

$$2CH_2O \rightarrow CO_2 + CH_4$$
$$CH_4(g) + 2O_2(g) \rightarrow CO_2(g) + 2H_2O(g) \quad \Delta H^\circ = -802{,}3\,\text{kJ}$$

ergibt sich:
2 mol CH_2O (30 g) erzeugen 1 mol CH_4 und bei der Verbrennung von 1 mol CH_4 werden 802,3 kJ Energie erzeugt.
Pro Liter Abwasser werden (70/30) · (−802) kJ = −1871 kJ erzeugt; somit werden pro m^3 → −1871 MJ Energie erzeugt.
Pro Liter Abwasser werden (70/30) · 22,4 Normliter = 52,3 Normliter CO_2 erzeugt, somit ergeben sich pro m^3 Abwasser 52,3 Norm-m^3.

Lösung 13.15 Zunächst muss die Gleichung zur Berechnung des Parameters B abgeleitet werden (siehe auch Übungsbeispiel 13.6. in Abschn. 13.3.2.2). Da die Salzkonzentration im Permeat vernachlässigt werden kann, entspricht bei den Berechnungen $\Delta\pi$ dem osmotischen Druck der Zulaufkonzentration.

$$c_{SP} = \frac{B \cdot c_{SF}}{A \cdot (\Delta p - \Delta\pi) + B} \quad (1)$$
$$R = \frac{c_{SF} - c_{SP}}{c_{SF}} \quad (2)$$
$$(1) = (2)$$
$$c_{SF} \cdot (1 - R) = \frac{B \cdot c_{SF}}{A \cdot (\Delta p - \Delta\pi) + B}$$
$$B = \frac{(1 - R) \cdot A \cdot (\Delta p - \Delta\pi)}{R}$$

a) Berechnung des osmotischen Drucks $\Delta\pi$:

$$\Delta\pi = \frac{n}{V} \cdot R \cdot T = \frac{2 \cdot 10\,\frac{\text{kg}}{\text{m}^3}}{58{,}5\,\frac{\text{kg}}{\text{mol}}} \cdot 1000 \cdot 8{,}314\,\frac{\text{J}}{\text{K mol}} \cdot 293\,\text{K} = 8{,}33 \cdot 10^5\,\frac{\text{N}}{\text{m}^2}$$

Der osmotische Druck beträgt 8,33 bar.
Berechnung des Parameters B:

$$B = \frac{(1 - 0{,}95) \cdot 5 \cdot 10^{-4} \cdot \frac{1}{3600}\,\frac{\text{m}}{\text{s bar}} \cdot (40 - 8{,}33)\,\text{bar}}{0{,}95} = 2{,}3 \cdot 10^{-7}\,\frac{\text{m}}{\text{s}}$$

b) Berechnung des osmotischen Drucks $\Delta\pi$:

$$\Delta\pi = \frac{n}{V} \cdot R \cdot T = \frac{3 \cdot 10\,\frac{\text{kg}}{\text{m}^3}}{142\,\frac{\text{kg}}{\text{mol}}} \cdot 1000 \cdot 8{,}314\,\frac{\text{J}}{\text{K mol}} \cdot 293\,\text{K} = 5{,}15 \cdot 10^5\,\frac{\text{N}}{\text{m}^2}$$

Der osmotische Druck beträgt 5,15 bar.

Berechnung des Parameters *B*:

$$B = \frac{(1-0{,}998)\cdot 5\cdot 10^{-4}\cdot \frac{1}{3600}\,\frac{\mathrm{m}}{\mathrm{s\,bar}}\cdot (40-5{,}15)\,\mathrm{bar}}{0{,}998} = 9{,}7\cdot 10^{-9}\,\frac{\mathrm{m}}{\mathrm{s}}$$

Der Salzrückhalt für Na_2SO_4 ist wesentlich höher als für NaCl. Deshalb ist der Parameter *B* für Na_2SO_4 deutlich kleiner.

Lösung 13.16

a) Berechnung des Parameters *A* (siehe auch Übungsbeispiel 13.6 im Lehrbuch):

$$\dot{m}_\mathrm{w} = \rho_\mathrm{w} A\cdot A_\mathrm{M}\cdot(\Delta p - \Delta\pi)$$

$$A = \frac{\dot{m}_\mathrm{w}}{\rho_\mathrm{w}\cdot A_\mathrm{M}\cdot(\Delta p-\Delta\pi)} = \frac{\dot{V}}{A_\mathrm{M}\cdot(\Delta p-\Delta\pi)}$$

Aus der Salzkonzentration muss zunächst die Differenz des osmotischen Drucks $\Delta\pi$ zwischen Zulauf und Permeat berechnet werden (da die Salzkonzentration im Permeat vernachlässigt werden kann, entspricht $\Delta\pi$ dem osmotischen Druck der Zulaufkonzentration). Da die Permeatausbeute nur 2 % beträgt, kann die Aufkonzentration des Zulaufstromes vernachlässigt werden, und es kann mit einer Salzkonzentration von 32 g/l gerechnet werden. Bei der Berechnung der Teilchenkonzentration der NaCl-Salzlösung muss mit dem Dissoziationsfaktor 2 gerechnet werden.

$$\Delta\pi = \frac{n}{V}\cdot R\cdot T$$

$$= 2\cdot\frac{32\,\frac{\mathrm{kg}}{\mathrm{m}^3}}{58{,}5\,\frac{\mathrm{kg}}{\mathrm{mol}}}\cdot 1000\cdot 8{,}314\,\frac{\mathrm{J}}{\mathrm{K\,mol}}\cdot 298\,\mathrm{K} = 27{,}1\cdot 10^5\,\frac{\mathrm{N}}{\mathrm{m}^2}$$

Der osmotische Druck beträgt 27,1 bar.

$$A = \frac{6{,}94\cdot 10^{-6}\,\frac{\mathrm{m}^3}{\mathrm{s}}}{0{,}7\,\mathrm{m}^2\cdot(55-27{,}1)\,\mathrm{bar}} = 3{,}55\cdot 10^{-7}\,\frac{\mathrm{m}}{\mathrm{s\,bar}}$$

b) Berechnung des Parameters *B* (Gleichung, siehe Aufgabe 13.15):

$$B = \frac{(1-R)\cdot A\cdot(\Delta p-\Delta\pi)}{R}$$

$$= \frac{(1-0{,}994)\cdot 3{,}55\cdot 10^{-7}\,\frac{\mathrm{m}}{\mathrm{s\,bar}}\cdot(55-27{,}1)\,\mathrm{bar}}{0{,}994} = 5{,}98\cdot 10^{-8}\,\frac{\mathrm{m}}{\mathrm{s}}$$

Lösung 13.17

a) Emission im Benzinmodus:

$$2C_8H_{18} + 25O_2 \rightarrow 16CO_2 + 18H_2O$$

Aus der Reaktionsgleichung erhält man die Information:
2 mol (228 g) C_8H_{18} ergeben 16 mol (704 g) CO_2.
Masse von Oktan für 100 km: $m = \rho \cdot V = 0{,}7\,\text{kg/l} \cdot 8{,}8\,\text{l} = 6{,}16\,\text{kg}$.
$6{,}16 \cdot 10^3$ g Oktan ergeben somit $(6{,}16 \cdot 10^3\,\text{g}/228\,\text{g}) \cdot 704\,\text{g} = 19\,020\,\text{g}\,CO_2$.
Dies entspricht 190,2 g/km.

b) Emission im Erdgasmodus:

$$CH_4 + 2O_2 \rightarrow CO_2 + 2H_2O$$

Aus der Reaktionsgleichung erhält man die Information:
1 mol (16 g) CH_4 ergibt 1 mol (44 g) CO_2.
$6{,}8 \cdot 10^3$ g Methan ergeben somit $(6{,}8 \cdot 10^3\,\text{g}/16\,\text{g}) \cdot 44\,\text{g} = 18\,700\,\text{g}\,CO_2$.

Dies entspricht 187 g/km.
Somit ist die CO_2-Emission für beide Fahrmodi etwa gleich.

Lösung 13.18

a) Ammoniumstickstoff (NH_4^+) wirkt eutrophierend (siehe Antwort 13.4);
b) die Entfernung erfolgt durch Nitrifikation und vorgeschaltete Denitrifikation:

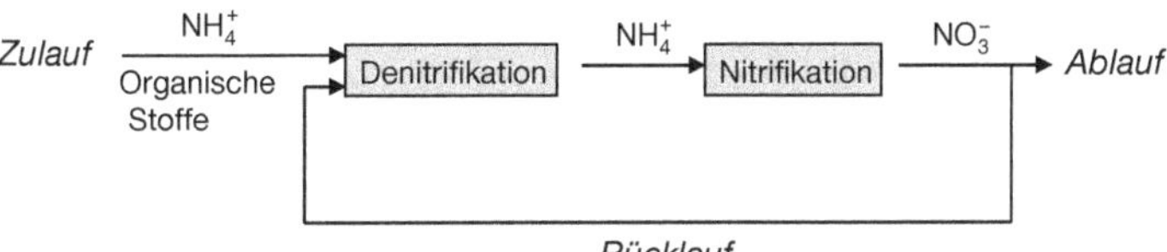

NH_4^+ durchläuft ohne Veränderung das Denitrifikationsbecken und wird dann zusammen mit den organischen Verbindungen in der Nitrifikationsstufe (z. B. Tropfkörperanlage) oxidiert. Ein Teil des mit NO_3^- beladenen Abwasserstromes wird nach der Nitrifikation in das Denitrifikationsbecken zurückgeführt. In diesem Becken werden die Schlammflocken nur schwach gerührt, sodass es zu keinem Sauerstoffeintrag kommt. Unter Luftausschluss wird NO_3^- zu N_2 reduziert. Als Reduktionsmittel dient hierbei die zulaufende organische Fracht.

Lösung 13.19 Klärschlammbehandlung: Faulung und Entwässerung (mechanisch, thermisch);

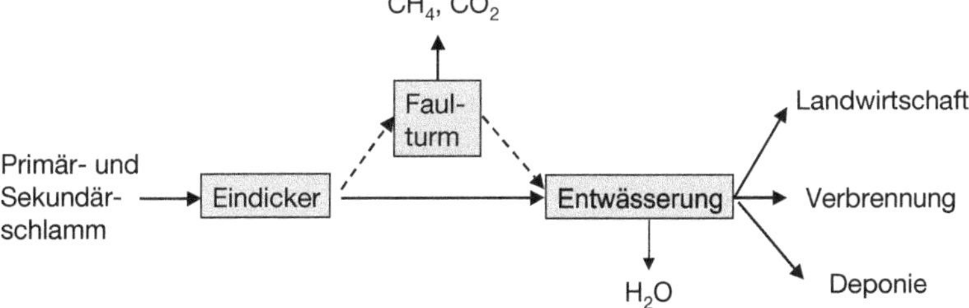

Klärschlammentsorgung: Deponie (in Deutschland nicht mehr zulässig), Landwirtschaft oder Verbrennung.

Lösung 13.20 Im Gegensatz zur relativ flachen Beckenbauform in den kommunalen Kläranlagen besitzen diese Reaktoren eine Bauhöhe von etwa 10–30 m. Neben einer deutlichen Verringerung des Flächenbedarfs wird der Sauerstoffausnutzungsgrad bei dieser Bauform auf etwa 80 % des Gesamteintrags gesteigert (mehr gelöster Sauerstoff durch höheren hydrostatischen Druck, längere Verweilzeit der Luftblasen im Reaktor).

Lösung 13.21 Bei der Entscheidung ist zunächst das Verhältnis BSB_5/CSB zu berechnen, da es einen Hinweis auf die biologische Abbaubarkeit gibt. Dieses Verhältnis berechnet sich zu 0,6 und weist auf eine gute biologische Abbaubarkeit hin, sodass es sinnvoll ist, eine biologische Behandlung auszuwählen. Weiterhin sind die Absolutwerte von BSB_5 und CSB (6000 bzw. 10 000 mg/l) relativ hoch, sodass sich ein anaerobes Verfahren anbietet.
Bei diesem Verfahren wird die organische Fracht im Abwasser unter Luftabschluss abgebaut. Im Prinzip laufen hierbei die gleichen biologischen Prozesse wie bei der Klärschlammbehandlung im Faulturm ab (siehe Abschn. 13.2.3.4 im Lehrbuch). Es kommt zur Bildung von „Biogas“ (CH_4, CO_2), welches energetisch in einem Blockheizkraftwerk genutzt werden kann. Nach der anaeroben Behandlung ist zu prüfen, ob die erforderlichen Grenzwerte für eine Einleitung des behandelten Abwassers eingehalten werden können. Falls nicht, muss zusätzlich eine aerobe biologische Behandlung des Abwassers nachgeschaltet werden. Als Abfallstrom fällt lediglich Überschussschlamm an, der behandelt und entsorgt werden muss.

Lösung 13.22 Die Vorteile der Membranbioreaktortechnik sind:

- kein Absetzbecken notwendig,
- hohe Abbaueffizienz,
- geringe Überschussschlammproduktion,
- da durch die Feinfiltration auch Bakterien bzw. Viren zurückgehalten werden, ist das gereinigte Abwasser nahezu keimfrei.

Es werden Mikro- oder Ultrafiltrationsmembranen verwendet.

Lösung 13.23 Lösung mithilfe des Löslichkeitsproduktes:

$$L_{Fe(OH)_3} = c_{Fe^{3+}} \cdot c_{PO_4^{3-}} = x^2$$

$$x = c_{PO_4^{3-}} = \sqrt{L_{Fe(OH)_3}} \quad c_{PO_4^{3-}} = \sqrt{3{,}8 \cdot 10^{38} \frac{mol^2}{l^2}}$$

$$c_{PO_4^{3-}} = 1{,}0 \cdot 10^{-11}\,mol/l \rightarrow 9{,}5 \cdot 10^{-10}\,g/l = 9{,}5 \cdot 10^{-7}\,mg/l$$

Die Phosphatkonzentration beträgt $9{,}5 \cdot 10^{-7}$ mg/l.

Lösung 13.24 Lösung mithilfe des Löslichkeitsproduktes:

$$L_{MgNH_4PO_4} = c_{Mg^{2+}} \cdot c_{NH_4^+} \cdot c_{PO_4^{3-}} = x^3$$

$$x = c_{PO_4^{3-}} = \sqrt[3]{L_{MgNH_4PO_4}}$$

$$c_{PO_4^{3-}} = \sqrt[3]{2{,}5 \cdot 10^{-13}\,\frac{\text{mol}^3}{\text{l}^3}} \quad c_{PO_4^{3-}} = 6{,}3 \cdot 10^{-5}\,\text{mol/l} \rightarrow 6 \cdot 10^{-3}\,\text{g/l}$$

$$= 6\,\text{mg/l} \quad \text{(Phosphatkonzentration)}$$

Der Grenzwert (6,1 mg/l) kann somit unter stöchiometrischen Bedingungen ganz knapp eingehalten. Es ist aber sinnvoll, mehr als stöchiometrische Mengen an Mg^{2+} bzw. NH^{4+} zuzugeben (Verschiebung des Gleichgewichts auf die Seite von $MgNH_4PO_4$).
Unter alkalischen Bedingungen (hoher pH-Wert) lässt sich die Fällung nicht durchführen, da dann NH_4^+ deprotoniert wird und zu NH_3 reagiert:

$$NH_4^+ + OH^- \rightarrow NH_3 + H_2O$$

Lösung 13.25 Durch die Aktivkohle werden auch biologisch schwer abbaubare organische Stoffe durch Adsorption gebunden. Der Nachteil ist eine Zunahme an Schlamm, der behandelt und entsorgt werden muss. Hierbei ist zu beachten, dass der Schlamm aufgrund der potenziellen Belastung mit schwer abbaubaren Stoffen nicht in der Landwirtschaft verwendet werden kann; es bleibt nur die Entsorgung durch Verbrennung.

Lösung 13.26 Vor- und Nachteile der aeroben und anaeroben Abwasserreinigung (Tab. 13.6 im Lehrbuch):

Verfahren	Vorteile	Nachteile
anaerob	• geringe Betriebs-(Energie-)Kosten • Produktion von Biogas, welches energetisch genutzt werden kann • nur geringe Mengen an Überschussschlamm	• sehr langsamer Prozess (dauert „Tage statt Stunden“) • störungsempfindliches Verfahren • Die Abwassergrenzwerte zur Direkteinleitung in die Gewässer lassen sich *allein* mit dem anaeroben Verfahren nicht einhalten
aerob	• robustes und bewährtes Verfahren • relativ schneller Prozess	• relativ hohe Betriebskosten (Sauerstoffeintrag!) • große Mengen an Überschussschlamm

Lösung 13.27

a) Hierbei werden die zu entfernenden Moleküle meist durch Van-der-Waals-Wechselwirkungen an der *unpolaren* Oberfläche der Aktivkohle adsorbiert. Je unpolarer der Stoff und umso größer die Molmasse, umso besser wird der jeweilige Stoff adsorbiert.
Verfahrenstechnisch wird dies in Adsorptionskolonnen, welche mit granulierter Aktivkohle gefüllt sind, umgesetzt. Meist werden mehrere Kolonnen parallel betrieben, sodass bei dem – aufgrund der Sättigung der Aktivkohle – in zeitlichen Abständen notwendigen Regenerationsprozess kein Unterbruch entsteht.

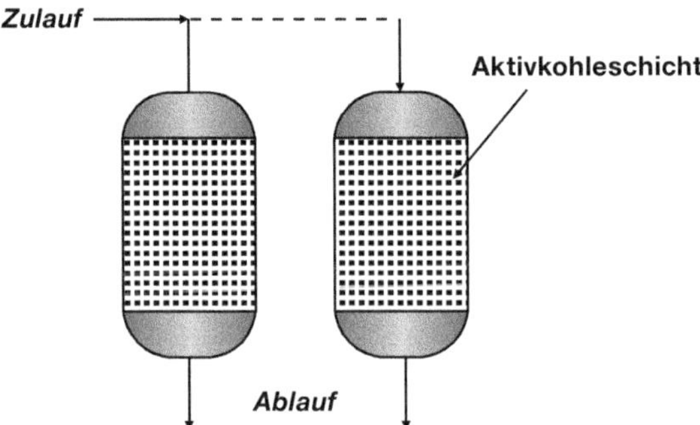

b) Von der unpolaren Aktivkohle werden vorwiegend unpolare Stoff adsorbiert („Gleiches sucht Gleiches").
c) Die Stoffe müssen nach ihrer Polarität bzw. Molekülmasse geordnet werden: Glykol (b) besitzt die größte Polarität (zwei OH-Gruppen) und hat deshalb die geringste Adsorptionsfähigkeit an Aktivkohle.

$$\begin{array}{ccc} CH_2 & — & CH_2 \\ | & & | \\ OH & & OH \end{array}$$

Ethanol (d) hat geringere Polarität (eine OH-Gruppe) und hat deshalb etwas größere Adsorptionsfähigkeit.

$$CH_3—CH_2—OH$$

Benzol (a) ist ein Kohlenwasserstoff und wird deshalb gut von Aktivkohle adsorbiert.

Pyren (c) ist ein Kohlenwasserstoff mit größerer Molekülmasse und wird deshalb besser adsorbiert als Benzol.

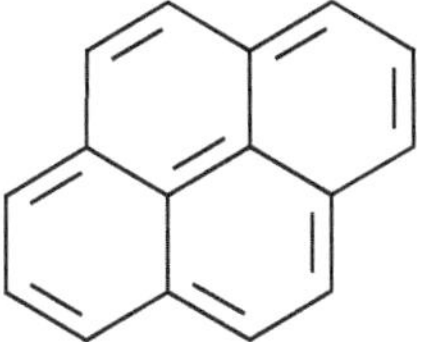

Somit ergibt sich folgende Reihenfolge für steigende Adsorptionsfähigkeit:

$$c > a > d > b$$

Lösung 13.28

a) Tetrachlorethen ist eine refraktäre und toxische chlororganische Verbindung. Deshalb sollte der AOX-Wert bestimmt werden, welcher ein Maß für den Anteil an organischen Halogenverbindungen ist. Zur Bestimmung des AOX-Werts wird die Probe mit Aktivkohle versetzt, wobei die hydrophoben chlororganischen Verbindungen adsorbiert werden. Die Aktivkohle wird verbrannt, und das Chlor wird in Chloridionen überführt, welche analytisch bestimmt werden (siehe auch Abschn. 13.2.2 im Lehrbuch).
b) Mögliche Reinigungsverfahren für diesen Stoff sind in Tab. 13.7 im Lehrbuch aufgelistet (Entfernung von organischen, refraktären Stoffen). Es können beispielsweise die Verfahren der Aktivkohleadsorption oder der chemischen Oxidation verwendet werden.

Lösung 13.29 Ein mögliches Verfahren ist die Oxidation mit Wasserstoffperoxid (H_2O_2). Hierbei wird das Abwasser mit H_2O_2 versetzt und meist durch Einstrahlung von UV-Licht behandelt. Dabei treten reaktive OH-Radikale mit einem hohen Oxidationspotenzial auf. H_2O_2 ist ein „umweltfreundliches" Oxidationsmittel, da typischerweise keine Folgeprobleme auftreten (Bildung problematischer Abbauprodukte, Aufsalzung).
Dieses Verfahren wird zur Entfernung biologisch schwer abbaubarer organischer Stoffe eingesetzt.

Lösung 13.30

a) Bei Ionenaustauschern werden prinzipiell unerwünschte Ionen (Härtebildner, toxische Stoffe) gegen „harmlose" Ionen (z. B. OH^-, H^+) ausgetauscht. Ionenaustauscher sind Kunstharze, die an den organischen Makromolekülen entweder saure ($-SO_3^-$, beim Kationenaustauscher) oder basische ($-NH_3^+$, beim Anionenaustauscher) Gruppen enthalten. Diese Gruppen können entgegengesetzt geladene Ionen binden und gegen gleichsinnig geladene Ionen ausgetauscht werden:

$$\text{Kationenaustauscher:} \quad R{-}SO_3^-H^+ + M^+ \rightleftarrows R{-}SO_3^-M^+ + H^+$$
$$\text{Anionenaustauscher:} \quad R{-}NH_3^+OH^- + A^- \rightleftarrows R{-}NH_3^+A^- + OH^-$$

b) Sie werden insbesondere zur Entfernung von Schwermetallkationen verwendet.

Lösung 13.31

a) Chromat ist eine toxische schwermetallhaltige Verbindung.
b) Mögliche Verfahren zur Entfernung von Chromat sind in Tab. 13.7, Abschn. 13.2.5 im Lehrbuch aufgelistet (Entfernung von gelösten Schwermetallionen). Es kann beispielsweise durch Fällung als Cr(III)-hydroxid nach vorheriger Reduktion (z. B. mit Fe^{2+}) entfernt werden:

$$\text{Reduktion mit } Fe^{2+}: \quad Cr_2O_7^{2-} + 6Fe^{2+} + 14H^+ \rightarrow 2Cr^{3+} + 6Fe^{3+} + 7H_2O$$
$$\text{Fällung als Cr(III)-hydroxid:} \quad Cr^{3+} + 3OH^- \rightarrow Cr(OH)_3$$

Chromat kann auch mittels Membrantechnik durch Behandlung mittels Nanofiltration oder Umkehrosmose entfernt werden (siehe Abschn. 13.2.5 im Lehrbuch).

Lösung 13.32 Das Lösungs-Diffusions-Modell dient zur theoretischen Beschreibung des Wasser- und Stofftransports in porenfreien Membranen. Bei diesen asymmetrischen Membranen kann der Widerstand in der porösen Stützschicht vernachlässigt werden und man braucht nur den Widerstand in der aktiven porenfreien Trennschicht zu berücksichtigen.

a) Beim Lösungs-Diffusions-Modell wird angenommen, dass sich die durch die Membran permeierenden Stoffe im Membranmaterial lösen und dann durch Diffusion transportiert werden. Dem Modell liegen folgende Annahmen zugrunde:
   - Die Membran wird als Kontinuum aufgefasst,
   - an den Phasengrenzen zwischen Membranoberfläche und den angrenzenden Phasen herrscht chemisches Gleichgewicht,
   - eine Kopplung zwischen den diffundierenden unterschiedlichen Stoffen wird vernachlässigt.

b) Nach diesem Modell ist der gesamte Massestrom die Summe aus dem entsprechenden Massestrom des Lösungsmittels (Wasser) und des gelösten Stoffes i (bzw. der gelösten Stoffe):

$$\dot{m}_{\text{ges}} = \dot{m}_{\text{w}} + \dot{m}_i$$

Es ergibt sich für den

1. flächenbezogenen Wasserfluss

$$\dot{m}_{\text{w}}^* = \rho_{\text{w}} A(\Delta p - \Delta\pi)$$

2. flächenbezogenen Fluss der Komponente i:

$$\dot{m}_i^* = B \cdot \Delta c_i = B \cdot (c_{i\text{F}} - c_{i\text{P}})$$

Dabei beschreibt der Parameter A den Wasserfluss und der Parameter B den Fluss der Komponente i.

Lösung 13.33 Das Prinzip der Querstromfiltration findet häufig bei Membranfiltrationen Anwendung. Im Gegensatz zur klassischen „Dead-End-Filtration" wird der Flüssigkeitsstrom hierbei nicht senkrecht auf den Filter, sondern quer zur Membran geführt, um so eine Verblockung der Membran weitgehend zu verhindern (siehe auch Abb. 13.15 im Lehrbuch). Ein Verfahren welches mittels Querstromfiltration betrieben wird, ist beispielsweise die Umkehrosmose.

Lösung 13.34

a) Der anfängliche flächenbezogene Wasserfluss berechnet sich zu (siehe auch Übungsbeispiel 13.6 im Lehrbuch):

$$\dot{m}_{\text{w}}^* = \rho_{\text{w}} A(\Delta p - \Delta\pi)$$

Aus der Salzkonzentration muss zunächst die Differenz des osmotischen Drucks $\Delta\pi$ zwischen Zulauf und Permeat berechnet werden (da die Salzkonzentration im Permeat vernachlässigt werden kann, entspricht $\Delta\pi$ dem osmotischen Druck π der Zulaufkonzentration). Da 1 mol NaCl beim Auflösen in 1 mol Na^+ und 1 mol Cl^- zerfällt, muss bei der molaren Konzentration der Faktor 2 berücksichtigt werden.

$$\begin{aligned}\pi &= \frac{n}{V} \cdot R \cdot T \\ &= \frac{2 \cdot 15\,\frac{\text{kg}}{\text{m}^3}}{58{,}5\,\frac{\text{kg}}{\text{kmol}}} \cdot 1000 \cdot 8{,}314\,\frac{\text{J}}{\text{K mol}} \cdot 298\,\text{K} = 1{,}27 \cdot 10^6\,\frac{\text{N}}{\text{m}^2}\end{aligned}$$

Der osmotische Druck π beträgt somit 12,7 bar.
Für den anfänglichen Wasserflux ergibt sich:

$$\dot{m}^*_W = 1000\,\frac{\text{kg}}{\text{m}^3} \cdot 7{,}8 \cdot 10^{-7}\,\frac{\text{m}}{\text{s bar}}(30 - 12{,}7)\,\text{bar} = 0{,}0135\,\frac{\text{kg}}{\text{s m}^2}$$

b) Der anfängliche flächenbezogene Salzfluss berechnet sich zu (siehe auch Übungsbeispiel 13.6 im Lehrbuch):

$$\dot{m}^*_\text{s} = B \cdot \Delta c_\text{s} = B \cdot (c_\text{SF} - c_\text{SP})$$

mit

$$c_\text{SP} = \frac{\dot{m}^*_\text{s}}{\dot{V}^*_\text{w}} = \frac{B \cdot (c_\text{SF} - c_\text{SP})}{A \cdot (\Delta p - \Delta\pi)}$$

ergibt sich

$$\begin{aligned} c_\text{SP} &= \frac{B \cdot c_\text{SF}}{A \cdot (\Delta p - \Delta\pi) + B} \\ &= \frac{21 \cdot 10^{-8}\,\frac{\text{m}}{\text{s}} \cdot 15\,\frac{\text{kg}}{\text{m}^3}}{7{,}8 \cdot 10^{-7} \cdot \frac{\text{m}}{\text{s bar}} \cdot (30 - 12{,}7)\text{bar} + 21 \cdot 10^{-8}\,\frac{\text{m}}{\text{s}}} \\ &= 0{,}23\,\frac{\text{kg}}{\text{m}^3} \end{aligned}$$

und damit beträgt der anfängliche flächenbezogene Salzfluss:

$$\dot{m}^*_\text{s} = 21 \cdot 10^{-8}\,\text{m/s} \cdot (15 - 0{,}23)\,\text{kg/m}^3 = 3{,}1 \cdot 10^{-6}\,\text{kg/(s m}^2)$$

Lösung 13.35 Aus dem Verhältnis der Masseströme für den Zulauf und für das Konzentrat erhält man die Information, dass das Benzpyren um den Faktor 10 aufkonzentriert wird (*Annahme:* 100 % Rückhalt). Deshalb beträgt die Benzpyrenkonzentration am Zulauf in die Ozonbehandlungsanlage 100 mg/l.
Aus der Reaktionsgleichung

$$3C_{20}H_{12} + 46O_3 \rightarrow 60CO_2 + 18H_2O$$

entnimmt man die Information:
3 mol $C_{20}H_{12}$ benötigen 46 mol O_3.
3 · 252 g = 756 g $C_{20}H_{12}$ benötigen 46 · 22,4 l = 1030,4 l O_3.
0,1 g $C_{20}H_{12}$ benötigen somit (0,1 g/756 g) · 1030,4 l = 0,136 l.
Somit werden pro Liter kontaminiertem Wasser 0,136 l Ozon benötigt.
Bei einem Wasservolumenstrom von 1 m³/h sind damit 136 l/h Ozon notwendig.

Lösung 13.36

a) Die Vorteile bei der Verwendung von CO_2-haltigen Rauchgasen sind zum einen geringere Betriebskosten, da die Rauchgase im Gegensatz zu den Mineralsäuren kostenfrei sind (falls keine „Abfallsäuren“ vorhanden sind). Zudem sorgt dieses Verfahren dafür, dass die CO_2 (Treibhausgas)-Emissionen vermindert werden, da CO_2 in Form von Hydrogencarbonat im Wasser gebunden wird (siehe b).

b) Zunächst muss die Reaktionsgleichung für die Neutralisation aufgestellt werden:

$$\mathrm{NaOH + CO_2 \rightarrow NaHCO_3}$$

Die Gleichung besagt, dass zur Neutralisation von 1 mol (= 40 g) NaOH 1 mol CO_2 (= 22,4 Normliter) CO_2 benötigt werden.
Zur Neutralisierung von 5 kg NaOH werden somit pro m^3 Abwasser (5000 g/40 g) · 22,4 l = 2800 l = 2,8 m^3 CO_2 benötigt.
Somit werden täglich bei 450 m^3 Abwasser $V_{CO_2} = 450 \cdot 2{,}8\,m^3 = 1260\,m^3$ CO_2 benötigt.
Bei einem Anteil von 10 Vol% CO_2 im Rauchgas sind dann mindestens (100/10) · 1260 m^3 = 12 600 m^3 Rauchgas nötig. Da das CO_2 sicherlich nicht zu 100 % absorbiert wird, ist die tatsächlich benötigte Menge an Rauchgas höher.

Lösung 13.37 Die Hauptverursacher von flüchtigen organischen Verbindungen sind der Straßenverkehr und Tankstationen. Die Hauptgefahr ist der Beitrag zur Ozonbildung vorwiegend im Sommer.

Lösung 13.38

a) Die Reaktionsgleichung lautet:

$$\mathrm{2CH_3OH + 3O_2 \rightarrow 2CO_2 + 4H_2O}$$

b) Aus der Reaktionsgleichung entnimmt man die Information:
2 mol CH_3OH benötigen 3 mol O_2.
2 · 32 g = 64 g CH_3OH benötigen 3 · 22,4 l = 67,2 l O_2.
Pro m^3 Abgas mit 10 g CH_3OH sind damit (10 g/64 g) · 67,2l = 10,5 l O_2 notwendig.
Bei einem Abgasvolumenstrom von 5000 m^3/h werden dann

$$V_{O_2} = 5000\,\mathrm{m^3/h} \cdot 10\,\mathrm{l/m^3} = 52\,500\,\mathrm{l/h} = 52{,}5\,\mathrm{m^3/h}\ \mathrm{O_2}$$

benötigt.

Bei einem O_2-Gehalt von 21 Vol% entspricht dies einem Luftstrom von $(100/21) \cdot 52{,}5\,m^3/h = 250\,m^3/h$.

c) Durch die Verbrennung entsteht auch NO. Da eine katalytische Verbrennung bei tieferen Temperaturen abläuft, entsteht auch weniger NO, da die Bildung von NO eine endotherme Reaktion ist (siehe Abschn. 7.2.1 im Lehrbuch).

Lösung 13.39 Es entstehen folgende Schadstoffe: CO, NO_x und flüchtige organische Verbindungen, welche entfernt werden müssen. Dabei finden im Katalysator folgende Reaktionen statt:

$$2CO + O_2 \rightarrow 2CO_2 \quad (1)$$

$$\text{„C,H“} + O_2 \rightarrow CO_2 + H_2O \quad (2)$$

$$2NO + 2CO \rightarrow N_2 + 2CO_2 \quad (3)$$

Die Reaktionsbedingungen im Katalysator müssen so abgestimmt sein, dass die Reaktionen (1)–(3) optimal ablaufen. Hierbei ist der Sauerstoffgehalt entscheidend. Enthält das Gemisch zu viel Sauerstoff, laufen nur die Reaktionen (1) und (2) ab, enthält das Gemisch zu wenig Sauerstoff, so läuft bevorzugt Reaktion (3) ab. Deshalb muss der Sauerstoffgehalt gemessen und innerhalb eines engen Bereiches geregelt werden. Dabei misst die Lambda-Sonde den Sauerstoffgehalt im Abgas und entsprechend wird die Gemischbildung für den Motor geregelt.

Lösung 13.40

a) SO_2 ist toxisch und ist hauptverantwortlich für die Bildung von saurem Regen;
b) das heute übliche Verfahren zur Entfernung von SO_2 ist die Nasswäsche mit Kalkstein und Umsetzung zu Gips:

$$2CaCO_3 + 2SO_2 + O_2 + 4H_2O \rightarrow 2[CaSO_4 \cdot 2H_2O] + 2CO$$

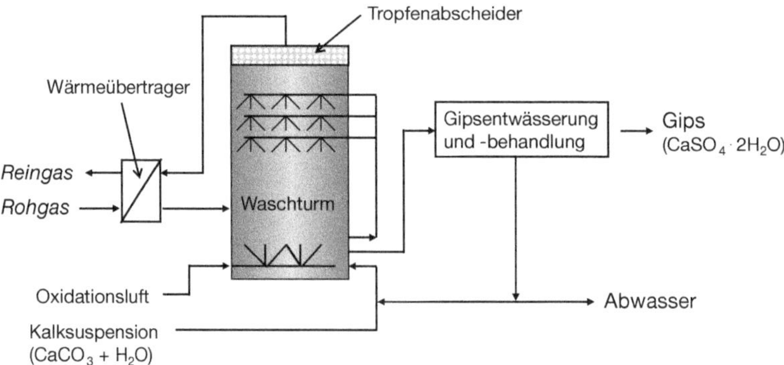

Lösung 13.41 Aus der Reaktionsgleichung

$$4NO + 4NH_3 + O_2 \rightarrow 4N_2 \uparrow + 6H_2O$$

folgt, dass 4 mol NO (= 4 · 30 g = 120 g) 4 mol NH_3 (= 4 · 17 g = 68 g) benötigen. Pro m^3 Abgas wird NO von 900 auf 200 mg vermindert, somit werden 700 mg NO entfernt.
Zur Entfernung von 0,7 g NO sind damit (0,7 g/120 g) · 68 g = 0,4 g NH_3 notwendig.
Pro Stunde werden dann $m_{NH_3} = 1{,}8 \cdot 10^6\,m^3/h \cdot 0{,}4\,g/m^3 = 720\,000\,g/h = 0{,}72\,t/h$ NH_3 benötigt.

Lösung 13.42

a) Drei typische Verfahren zur Abscheidung fester Stoffe bei der Abluftreinigung sind: Zyklone, Nasswäscher, Elektrofilter.
b) Das gebräuchlichste Verfahren ist heute der Elektrofilter, da er sehr hohe Abscheidegrade auch für kleine Korngrößen aufweist. Bei diesem Verfahren wird der Staub durch eine negativ geladene Sprühelektrode (10 000–80 000 V) elektrostatisch aufgeladen und an einer positiv geladenen Niederschlagselektrode abgeschieden. Der anhaftende Staub wird dann durch Klopfen und mit Wasser von der Niederschlagselektrode entfernt.

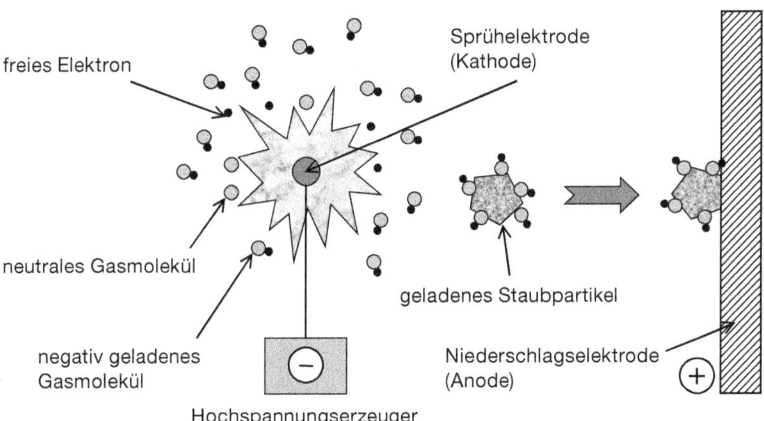

Lösung 13.43 Beim Recycling gilt folgende Reihenfolge:

- Produktrecycling:
  Wiederverwendung
  Weiterverwendung
- Materialrecycling:
  Wiederverwertung
  Weiterverwertung
- thermische Verwertung

Lösung 13.44 Die drei prinzipiellen Verfahren zur Abfallentsorgung sind: Deponie, thermische Behandlung, mechanisch-biologische Behandlung.

Verfahren	Vorteile	Nachteile
Deponie		• großer Flächenbedarf • lange Nachsorgezeiträume • fehlende Erfahrung für Langzeitverhalten • ineffiziente energetische Verwertung des Abfalls als Biogas
thermische Behandlung	• deutliche Volumenreduktion des Mülls • Hauptteil der *organischen* Schadstoffe wird zerstört • energetische Verwertung des Abfalls	• hoher technischer Aufwand • hohe Kosten insbesondere bei der Abluftreinigung • höhere Luftbelastung der Umgebung
mechanisch-biologische Behandlung	• Volumenreduktion des Abfalls vor der Deponierung • gezielter und kontrollierter Abbau der organischen Fracht • geringe Luftbelastung	• ein großer Teil der Schadstoffe verbleibt im Feststoff (refraktäre organische Stoffe, Schwermetalle) • Deponieprobleme bleiben

Lösung 13.45 Die „Philosophie“ beim produktionsintegrierten Umweltschutz ist, dass bereits bei der Herstellung eines Produktes möglichst umweltschonend produziert werden soll, um den nachträglichen (aufwändigen und teuren) Reinigungsaufwand soweit wie möglich zu verringern. Es soll ressourcen- und energiesparend mit möglichst geringem Aufkommen an Abwasser, Abluft und Abfall produziert werden. Die Prioritätenregeln hierbei lassen sich schlagwortartig in folgender Form zusammenfassen: 1.) Vermeiden, 2.) Vermindern, 3.) Verwerten, 4.) Entsorgen.

Lösung 13.46 In einer Ökobilanz wird versucht, die Beurteilung der Umweltauswirkungen durch eine wissenschaftliche Analyse durchzuführen. Der Begriff „Ökobilanz“ wird heute sehr häufig verwendet und steht als Überbegriff für die Untersuchung von einzelnen Produkten, Produktionsprozessen oder ganzer Betriebe.

Ablaufschema:

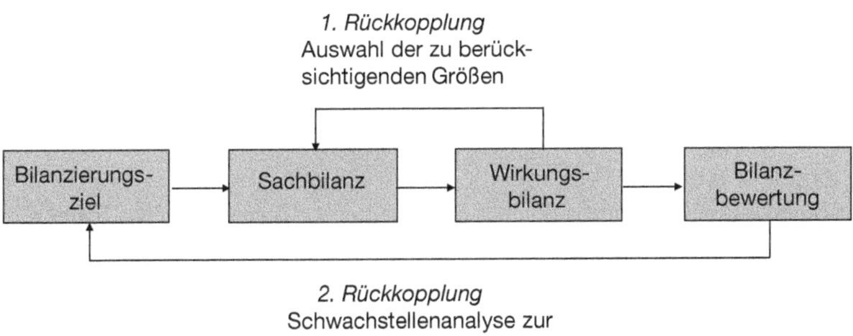